独特な面構えの鳳来寺鉄道、豊川鉄
道の凸型電気機関車デキ50形のうち
の1輌は国鉄から山形交通に譲渡さ
れ、ED2として高畠線で活躍した。
1974.11.3　糠ノ目　P：諸河　久

はじめに

　歴史というものは千変万化である。日本国有鉄道は民営JRに移行し、旅客会社各社は地域ごとに活性化を図るとともに自立経営を主眼として運輸事業を行っている。また、貨物は一社となっているが、やはり他の運送機関との競合を踏まえつつ安定経営が求められている。

　しかし、明治5（1872）年の開業以来、国鉄は逆につい先日まで、自己建設線に加えて私鉄を買収

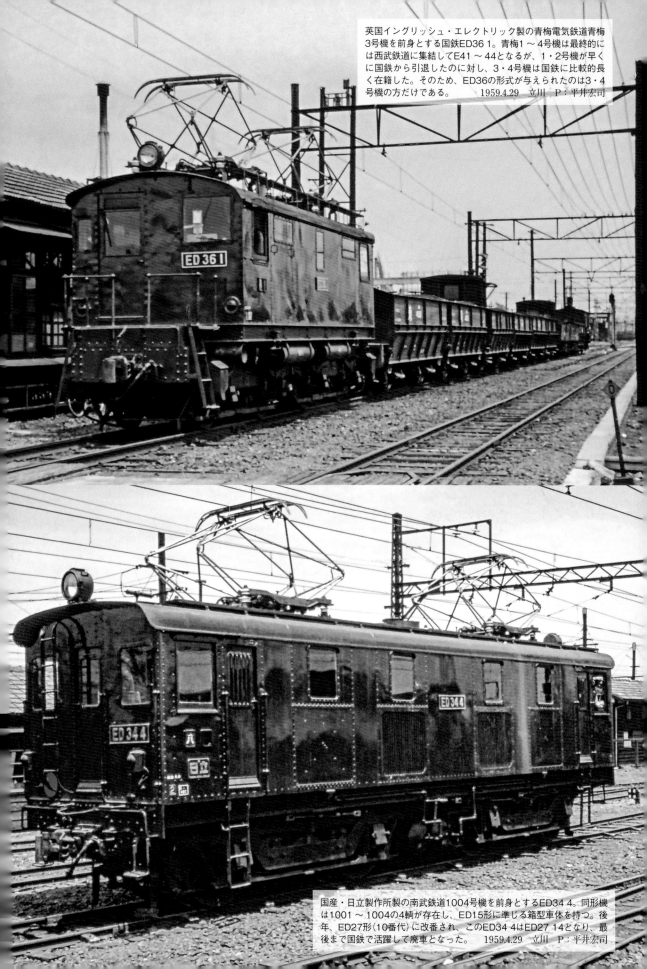

英国イングリッシュ・エレクトリック製の青梅電気鉄道青梅3号機を前身とする国鉄ED36 1。青梅1〜4号機は最終的には西武鉄道に集結してE41〜44となるが、1・2号機が早くに国鉄から引退したのに対し、3・4号機は国鉄に比較的長く在籍した。そのため、ED36の形式が与えられたのは3・4号機の方だけである。　1959.4.29　立川　P：平井宏司

国産・日立製作所製の南武鉄道1004号機を前身とするED34 4。同形機は1001〜1004の4輌が存在し、ED15形に準じる箱型車体を持つ。後年、ED27形（10番代）に改番され、このED34 4はED27 14となり、最後まで国鉄で活躍して廃車となった。　1959.4.29　立川　P：平井宏司

ドイツ・AEG製の宇部電気鉄道デキ1を前身とするミニ凸電・岳南鉄道デキ1。宇部電気鉄道時代は2本シューを持つ特徴的な大型パンタを搭載していたが、後年にシンプルなPS13形に載せ替えている。同形機2両は岳南鉄道まで運命を共にし、同鉄道の600→1500V昇圧で役目を終えた。　　　　　　　　　　　　　　　　　　　　　　　　　　　1959.1.15　本吉原　P：平井宏司

現・大糸線の一部である信濃鉄道が、米国ボールドウィン／ウエスティングハウスで製造した凸型電機・信濃1～3号機は、国鉄時代にED22 1～3となった。1号機はその後、西武→近江→一畑→弘南と全国を渡り歩き、今なお現役。写真は一畑電気鉄道時代のもの。　　　　　　　　　1972.3.28　平田市　P：久保 敏

信濃2号機は国鉄ED22 2となった後、三岐鉄道に譲渡されて1980年代まで活躍した。現役引退後はいなべ市内の公園で展示されていたが、2016年の三岐鉄道開業85周年を機に西藤原駅前SL公園に移設された。　　　　　　　1972.11.26　富田　P：久保 敏

信濃3号機は国鉄ED22 3となった後、西武鉄道を経て松本電気鉄道（現・アルピコ交通）に譲渡されED30 1となった。長く車籍を保っていたが2005年に廃車となり、現在は新村駅にて静態保存されている。　　　　　　　　　1990.8.5　新村車庫　P：佐藤利生

伊那電気鉄道（飯田線の前身のひとつ）が、石川島造船所／芝浦製作所に製造させた凸型電機デキ1～6は、国鉄ED31 1～6となった後、1～5が近江鉄道に集結。除籍されたものも含めて2010年代まで全車オンレール状態で保管されていた。現在、3・4号機が別の場所で保存されているが、写真の5号機は解体されている。　　　　　　　　　　　　　　　　　　　1971.7.31　彦根　P：久保 敏

共に飯田線の前身の一部である鳳来寺鉄道と豊川鉄道では、同形の凸型電機(英国イングリッシュ・エレクトリック製)を1両ずつ保有し、国鉄ではこれをED28 1・2にまとめた。左写真は元鳳来寺鉄道のデキ50→国鉄ED28 1が、近江鉄道を経て山形交通ED2となったもの。同機は廃車後保存されていたが既に撤去済。右写真は、元豊川鉄道デキ51→国鉄ED28 2が遠州鉄道に譲渡されたもので、同機は現在も車籍を残している。
(左)1973.7.22 高畠 P：久保 敏 (右)1972.10.26 馬込 P：久保 敏

米国製のED14を思わせる箱型車体の国鉄ED26 12は、実は国産・汽車製造／芝浦製作所製で、伊那電気鉄道デキ21が前身。同形機2輌の国鉄での最初の形式はED33(1・2)で後年にED26(11・12)に改番、飯田線で一生を過ごした。
1968.5.3 伊那松島 P：平井宏司

阪和線の前身である阪和電気鉄道が1輌製造した凸型のロコ1101は日本車輌／東洋電機製。国鉄の在籍期間が数年間のみで、「ED○○」という形式は与えられないまま近江鉄道に譲渡。長年入換機として活躍し、その後も保存されていたが現在は解体済である。
2000.11.18 彦根車庫 P：佐藤利生

豊川鉄道が日本車輌／東洋電機に発注した凸型電機デキ54は、落成した時には既に国鉄に買収済で、ED30 1、後にED25 11の機番が与えられた。伊豆急行に譲渡され、その後は東急長津田工場の入換機(機番は再度ED30 1に)としても長く活躍した。
1973.6.23 伊豆稲取 P：久保 敏

ある意味模型的な外観を持つ凸型電機・越後交通ED26 1は、元は富岩鉄道(後の富山港線、現・富山地方鉄道富山港線)ロコ2。富岩には2輌の凸電がいたが出自と形態が異なりこのロコ2は日本鉄道自動車製で、上田交通ED25 1(元・宇部鉄道デキ11)ともよく似ている。
1975.5.24 西長岡 P：久保 敏

西武鉄道E41形のE43とE44が、国鉄から借り出したマヤ34 2003をプッシュプルで挟んで検測運転を行う。1頁でも記した通り、西武E41形は元青梅電気鉄道デキ1形で、この2輌は国鉄ED36 1・2だった経歴を持つ。E43は現在も西武鉄道が保存している。

1985.11.27　狭山市－新狭山　P：佐藤利生

阪和電気鉄道ロコ1001～1004は、一連の私鉄買収電機の中でも最も強力で、私鉄王国・関西の誇りを感じさせるものだった。国鉄買収後はED38 1～4となり、最終的には1～3が秩父鉄道に集結。当初は茶色（表紙写真参照）、後年にはブルーの塗色で親しまれた。廃車後、写真の1号機は長年三峰口駅で保存されていたが惜しくも解体済。

1981.9.23　波久礼－樋口　P：久保　敏

することによって拡大して来たのである。

　その買収鉄道は蒸機鉄道が主であったが、太平洋戦争の始まる前からの戦時買収線区にはかなりの電化鉄道が含まれていた。阪和電鉄の電車を頂点として〝買収国電〟という言葉をよく聞かれるであろうが、これは主として戦時中に軍需路線として買収された旧私鉄の車輛を指している。

　そして、これらの電化私鉄は鶴見臨港鉄道（現JR鶴見線）の如く、旅客は電車運転を行っていたが貨物列車はもっぱら蒸気機関車によっていたというような一部の例外を除き、電気機関車を保有していた鉄道がほとんどであった。買収とともにこれらの電気機関車も国鉄籍に編入され、いずれもが数奇な運命をたどることになる。本書ではそれらの私鉄から国鉄に編入された電気機関車を買収鉄道ごとに概観してみたい。

青梅線というと、ついこの間まで石灰石関連の貨物列車が走っていたところとして知られている。最終期の牽引機はEF64形であったが、それ以前はEF15形などのデッキ付きF級機、さらにその前はED16形や南武、青梅の買収機といったD級機がその任に当たっていた。写真はセサフ1形を組み込んだ貨物列車を牽く南武鉄道買収機ED34 2。
　　　　　　　　1953.11.3　拝島付近　P：石川一造

買収鉄道の買収理由

明治39（1906）年の幹線私鉄を国鉄とした〝鉄道国有化〟と一般に言われている私鉄買収以降も、私鉄の買収はポツリ、ポツリと行なわれていた。これらは国鉄の工事予定線であったり、鉄道網を形成する上で必要とされることからの買収であった。なかには採算が悪化し、政府になんとか買収してもらい、なにがしかの金を入手して鉄道企業を引き払ってしまいたいと画策する企業家もいた。

しかし、昭和16（1941）年12月に始まった太平洋戦争によって昭和18（1943）～19（1944）年に買収された戦時買収鉄道は、戦争目的を実行するための運輸上の必要性が打ち出され、その合計は一部未成線を含め、1,051km余にも及ぶ大規模な買収となった。対象となった私鉄はセメント、石炭などの原料輸送、工場地帯の軍需物資と通勤輸送、幹線の連絡線とがあった。買収電機はこれらの鉄道のうちの電化線区と、それ以前の買収になる2、3の鉄道の車輌から成り立っている。

買収電機のアウトライン

私鉄から引き継いだ電気機関車はBB形の、形式称号EDクラスがほとんどで、一部B形、形式称号EBがある

が、動軸6、EF級以上のものはなかった。私鉄の線路条件から見てこれは当然のことであり、歴史的に見ても、国鉄のEF級電気機関車に匹敵する私鉄電機は西武鉄道のE851形しか存在しない。

買収電機の初期の車輌、例えば信濃鉄道、富士身延鉄道などでは買収とともに国鉄の電機のED××という形式称号の仲間に加えられた。しかし、昭和18～19年度の買収鉄道のものは、車輌数も多く、戦時中に改番などという直接生産向上に関係のないことにかかわりあっておられない…と言うわけだろう、私鉄時代のまま国鉄に編入された。これは買収国電についても同じことである。

遠州鉄道入りしたもと豊川鉄道のED28 2は改番もされず、そのままの番号で貨物列車を牽いて活躍した。現在も工事用として青い塗色になって在籍している。　　　　　1984.12.3　遠州西ヶ崎　P：名取紀之

2輛仲良く並んだ伊那電気鉄道の買収機ED26 11とED26 12。国産初期の電機はこれをお手本にしたなァ、という外国機がある。これもGE製の国鉄ED14形と似たところがある。1970.11　伊那松島　P：浅原信彦

この結果、車輌番号が整理されないまま、重複する車輌が出てくる結果ともなった。電気機関車は輌数もそれほど多くなかったのでまだよかったが、電車や客車はこのため配置表など大分混乱したことは否めない。また蒸気機関車や電車のなかには、国鉄から私鉄に譲渡されたのが、国鉄に買収された結果、また国鉄の車輌になったという車輌も出現したが、国鉄の電気機関車はアブト式を除き、大正末期から走り出したという歴史の新しさもあって、このような事例はなかった。

　私鉄の形式・番号のまま国鉄に編入された車輌で、早期に廃車されたものはついに「ED××」という名前をもらわずに国鉄を去っていった不運な車輌もあるが、昭和27（1952）年、国鉄ではED24まで付番されていた形式のあとをつけて買収機にも正式な形式を与えた。B形はすでになかったので、この時点で、ED26からED38までの形式が与えられたが、国鉄の電気機関車の形式は10〜99までの90形式しか付けられず、交流機、交直両用機などができると数字に余裕がなくなって来たので、昭和36（1961）年に輌数はわずかなのに堂々？1形式を占めている買収電機の形式を再度整理し、30番代を空家として、これを交直両用機に提供することにした。この結果南武鉄道買収機ED34形がED27形のED2711〜になるなど、国鉄がよく使用していたような枝番が生まれることになった。番号として最大のED38形（旧阪和電気鉄道ロコ1000）はすでに姿を消していたから、ED371改めED2911がこの時点での私鉄買収電機の最大番号となった。

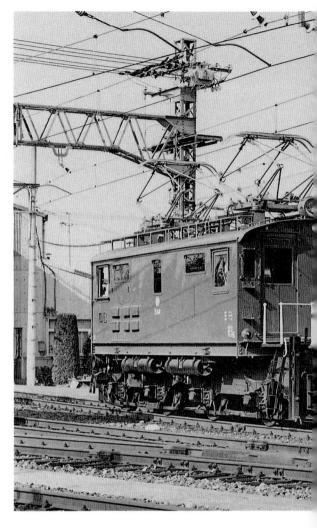

私鉄へ譲渡された買収機

　国鉄という大きな世帯に入ると、少数民族はとかく運転、保守などめんどうくさがられる。また戦時中の資材難でメンテナンスも充分行なわれてなかったこともあって、廃車となった車輌もあり、おりから車輌不足に悩む各地の私鉄への譲渡が進められた。

　もともと生まれが私鉄であるから、国鉄のED級よりも小振りで、中小私鉄でも使いやすいことは当たり前のことであり、輸送力の強化とともに牽引力が国鉄としては不足するといった理由も加わり、再度私鉄でのご奉公の例は多い。そして、国鉄の線路上では消えてしまった買収電機ではあるが、私鉄ではまだ健在のところもある。

　しかし、国鉄（JR）の貨物輸送システムの変革により私鉄の貨物輸送も廃止が相次いでおり、工事、除雪用などで残る幸運児を除いて早晩これらの電機も姿を消して行くことになるのではなかろうか。貨車牽引で毎日稼動している買収電機の姿は今日ではもう見られない。

　買収電機は模型の世界ではスタイルにバラエティーがあり大きさも手頃で、小編成の貨物列車の牽引機として適しており、信濃鉄道ED22、宇部電気鉄道デキ1（岳南鉄道デキ1）などキットや完成品で市販されているものが数多くあり、消えてしまうと懐かしさもあって、この世界では盛況を続けている。

▲青梅電気鉄道の4輌の電機はすべてが西武鉄道に譲渡され、E41形となった。1輌ずつ細部に差があるのが特徴。1982.5.22　所沢　P：名取紀之
◀多摩川沿線の鉄道は砂利運送で賑わった。西武多摩川線にも写真の2（旧伊那）をはじめ色々な電機が使用された。　1957.6　北多磨　P：園田正雄

■私鉄買収電機の系譜図

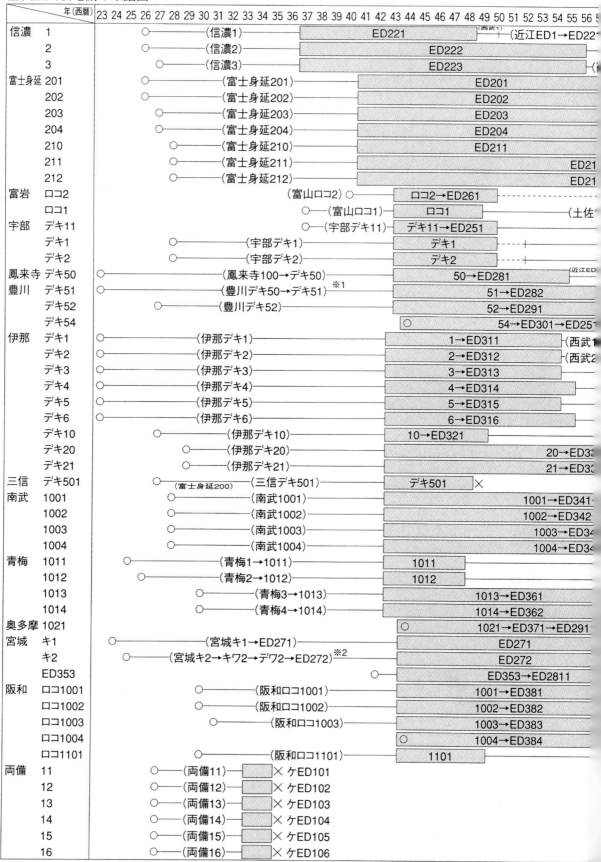

年(西暦)		23 24 25 26 27 28 29 30 31 32 33 34 35 36 37 38 39 40 41 42 43 44 45 46 47 48 49 50 51 52 53 54 55 56 5
信濃	1	○──(信濃1)── ED221 (西武1) ──(近江ED1→ED22
	2	○──(信濃2)── ED222
	3	○──(信濃3)── ED223 (信
富士身延	201	○──(富士身延201)── ED201
	202	○──(富士身延202)── ED202
	203	○──(富士身延203)── ED203
	204	○──(富士身延204)── ED204
	210	○──(富士身延210)── ED211
	211	○──(富士身延211)── ED21
	212	○──(富士身延212)── ED21
富岩	ロコ2	(富山ロコ2)○── ロコ2→ED261 ───
	ロコ1	○──(富山ロコ1)── ロコ1 (土佐
宇部	デキ11	○──(宇部デキ11)── デキ11→ED251
	デキ1	○──(宇部デキ1)── デキ1 ──+
	デキ2	○──(宇部デキ2)── デキ2 ──+
鳳来寺	デキ50	○──(鳳来寺100→デキ50)── 50→ED281 近江ED
豊川	デキ51	○──(豊川デキ50→デキ51)── ※1 51→ED282
	デキ52	○──(豊川デキ52)── 52→ED291
	デキ54	○ 54→ED301→ED251
伊那	デキ1	○──(伊那デキ1)── 1→ED311 (西武
	デキ2	○──(伊那デキ2)── 2→ED312 (西武2
	デキ3	○──(伊那デキ3)── 3→ED313
	デキ4	○──(伊那デキ4)── 4→ED314
	デキ5	○──(伊那デキ5)── 5→ED315
	デキ6	○──(伊那デキ6)── 6→ED316
	デキ10	○──(伊那デキ10)── 10→ED321
	デキ20	○──(伊那デキ20)── 20→ED3
	デキ21	○──(伊那デキ21)── 21→ED3
三信	デキ501	(富士身延200) ──(三信デキ501)── デキ501 ×
南武	1001	○──(南武1001)── 1001→ED341
	1002	○──(南武1002)── 1002→ED342
	1003	○──(南武1003)── 1003→ED34
	1004	○──(南武1004)── 1004→ED34
青梅	1011	○──(青梅1→1011)── 1011
	1012	○──(青梅2→1012)── 1012
	1013	○──(青梅3→1013)── 1013→ED361
	1014	○──(青梅4→1014)── 1014→ED362
奥多摩	1021	○ 1021→ED371→ED291
宮城	キ1	○──(宮城キ1→ED271)── ED271
	キ2	○──(宮城キ2→キワ2→デワ2→ED272)── ※2 ED272
	ED353	○ ED353→ED2811
阪和	ロコ1001	○──(阪和ロコ1001)── 1001→ED381
	ロコ1002	○──(阪和ロコ1002)── 1002→ED382
	ロコ1003	○──(阪和ロコ1003)── 1003→ED383
	ロコ1004	○ 1004→ED384
	ロコ1101	○──(阪和ロコ1101)── 1101
両備	11	○──(両備11)── × ケED101
	12	○──(両備12)── × ケED102
	13	○──(両備13)── × ケED103
	14	○──(両備14)── × ケED104
	15	○──(両備15)── × ケED105
	16	○──(両備16)── × ケED106

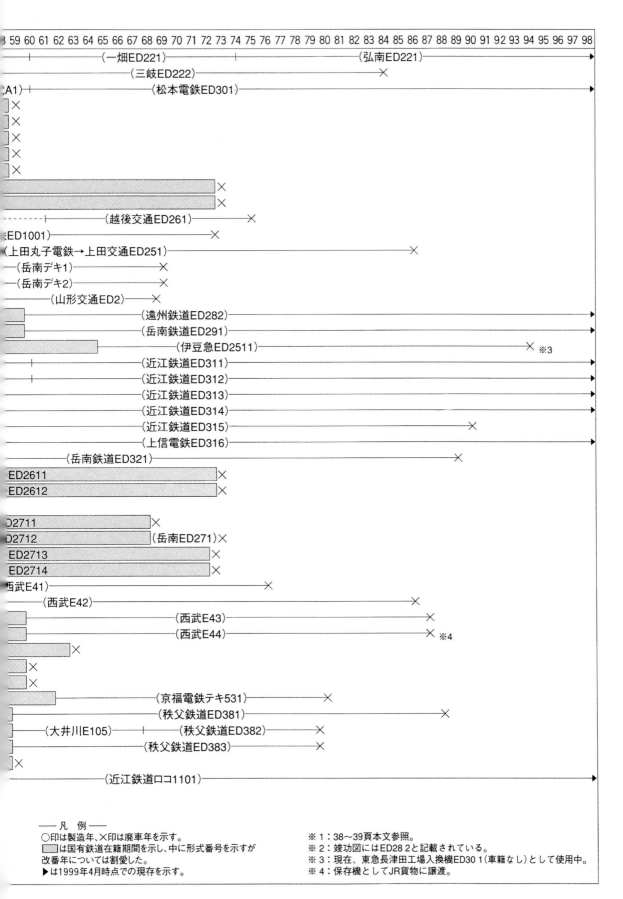

58 59 60 61 62 63 64 65 66 67 68 69 70 71 72 73 74 75 76 77 78 79 80 81 82 83 84 85 86 87 88 89 90 91 92 93 94 95 96 97 98

（一畑ED221）　　　　　　　　　（弘南ED221）　　　　　　→
（三岐ED222）　　　　×
（A1）　　　（松本電鉄ED301）　　　　　　　　　　　　　　　　→
×
×
×
×
×
×
×
- - - - - - - （越後交通ED261）　　　×
（ED1001）　　　　　×
（上田丸子電鉄→上田交通ED251）　　　　　　×
（岳南デキ1）　　　×
（岳南デキ2）　　　×
（山形交通ED2）　　×
（遠州鉄道ED282）　　　　　　　　　　　　　　→
（岳南鉄道ED291）　　　　　　　　　　　　　→
（伊豆急ED2511）　　　　　　　　　　×　※3
（近江鉄道ED311）　　　　　　　　　　　　　→
（近江鉄道ED312）　　　　　　　　　　　　　→
（近江鉄道ED313）　　　　　　　　　　　　　→
（近江鉄道ED314）　　　　　　　　　　　　　→
（近江鉄道ED315）　　　　×
（上信電鉄ED316）　　　　　　　　　　　　　→
（岳南鉄道ED321）　　　　　×
ED2611 ×
ED2612 ×
D2711 ×
D2712（岳南ED271）×
ED2713 ×
ED2714 ×
西武E41）　　　×
（西武E42）　　　×
（西武E43）　　　×
（西武E44）　　　× ※4
×
×
×
（京福電鉄テキ531）　　　×
（秩父鉄道ED381）　　　×
（大井川E105）　　　（秩父鉄道ED382）　　×
（秩父鉄道ED383）　　×
×
（近江鉄道ロコ1101）　　　　　　　　　　　　→

―― 凡　例 ――
○印は製造年、×印は廃車年を示す。　　　　　　　　　　　　　　※1：38〜39頁本文参照。
　　は国有鉄道在籍期間を示し、中に形式番号を示すが　　　　　※2：竣功図にはED28 2と記載されている。
改番年については割愛した。　　　　　　　　　　　　　　　　　※3：現在、東急長津田工場入換機ED30 1（車籍なし）として使用中。
▶は1999年4月時点での現存を示す。　　　　　　　　　　　　　※4：保存機としてJR貨物に譲渡。

信濃鉄道

　昭和12（1937）年６月、大糸南線の建設を進めていた国鉄は、これと連絡することにより、松本〜糸魚川間が１本となり、中央本線と北陸本線が連絡されることから信濃鉄道を買収した。現在の大糸線の一部である。機関車は蒸気機関車もいたが、アメリカから輸入の大正15（1925）年Baldwin・W.H製の凸電１〜３を引き継ぎ、ED22形ED221〜3とした。

　Baldwin・Westing House系の凸電は国産車も含め仲間は多く、武蔵野鉄道⇒西武鉄道E11、愛電⇒名鉄デキ370、宮城電気鉄道キ１⇒国鉄ED27などがそれである。

　ED22形は流転もはげしいが、３輌とも現存している幸運機である（三岐ED22 2は廃車後保存）。

輸入機は大きなパンタグラフを付けた車輌も多い。この信濃鉄道２号機のもおそらくオリジナルのパンタグラフであろう。横碍子形のものを付けている。　　　『鉄道』1935年２月号より複写　P：平井通夫

　　信濃１⇒国鉄ED221⇒西武１⇒近江ED221⇒一畑
　　　　ED221⇒弘南ED221

　　信濃２⇒国鉄ED222⇒三岐ED222（廃車）
　　信濃３⇒国鉄ED223⇒西武Ａ１⇒松本ED301

大糸線から飯田線に転じたED222。パンタグラフは戦時型と言われているPS13形で、丸い鋼管でなく、四角い断面をした枠を使って組み立てられた小型のものを付けている。このため高さが不足し、在来の台座の上にさらに∏型の板を追加しているのが判る。　　　1955.5.23　豊橋区　P：神谷静治

西武鉄道1形1となったのはED22形3輌のうちのED22 1である。昭和20〜30年代、西武鉄道では1という番号の電機が何輌も登場した。信濃鉄道買収機の旧ED22 1、東芝製の凸型機、そして伊那電気鉄道買収機の旧ED31 1がそれぞれ1という番号を付けていた。　　1947年　保谷　P：園田正雄

○ 信濃大町

○ 松本

■信濃鉄道

松本電気鉄道ED30 1（国鉄ED22 3）の銘板。1978.10.29　新村　P：吉川文夫

西武鉄道から近江鉄道入りした直後のED1形1（旧ED22 1）。ボールドウイン・ウエスチングハウス製の電気機関車の先端部は乗務員室扉のため片寄っている形のものが多い。ED22形は右寄りだが、西武E11形は左に片寄っていた。　　1952.6.12　彦根　P：三宅恒雄

近江鉄道ED22 1となっていたときの写真。車体の中央部機械室の明かりとりとして横長の窓が2コ増設されている。また番号は国鉄時代に戻ったのであるが、ナンバープレートの書体をよく見ると国鉄時代とは字体が異なることが判る。　　1956.1.1　彦根　P：三宅恒雄

ED22 1は流浪の電気機関車とも言える。信濃鉄道、国鉄、西武鉄道から近江鉄道、そして一畑電気鉄道へと渡った。写真はその時の姿であるが、そのあとさらに弘南鉄道へ転じている。　　1966.7.22　雲州平田　P：三宅恒雄

現在も大鰐線に在籍の弘南鉄道ED22 I。近江鉄道で作ってもらった表札（ナンバープレート）は一畑、弘南と企業体は変わっても、番号はそのままなので健在なのが嬉しい。雪国、青森県で除雪用として出動するのに備えてスノープラウが付けられている。　　　　　　　1980.10.5　大鰐　P：諸河　久

ED22 3はED22 Iより遅く昭和31年に西武鉄道に入り、Ａ形Ａ1となった。西武の電気機関車でAという称号が付いたのはこの形式のみであるが、のちに日本ニッケル（上武鉄道）に譲渡されたB形蒸気機関車も西武鉄道時代Ａ1という番号であった。　　　　　　　　　　1959.12　上石神井　P：園田正雄

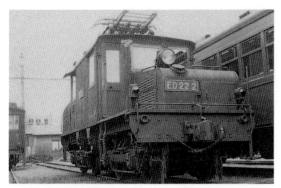

ED22形の台車は電機用の釣合梁式で、日本では国産車を含め、このタイプの標準型台車となっている。　1952.11.11　豊橋区　P：三宅恒雄

西武鉄道A1となる以前、岳南鉄道で短い期間使用されていたED22 3の珍しいスナップ。　　　　　　　　　1954.5　吉原　P：薗田正雄

三岐鉄道富田で入換機として使用されていたED22 2。現在、沿線の大安駅近くに保存展示されている。　1966.12.30　富田　P：三宅恒雄

松本電気鉄道ED30 1となった旧ED22 3。発電所建設工事のため貨車がたくさん出入りしていた頃の姿。　1967.10.29　渚　P：吉川文夫

松本電気鉄道の新村車庫に除雪、工事用として在籍しているED30 1。生まれ故郷長野県、松本へ帰ってきた電気機関車である。

1979.9.8　新村　P：名取紀之

富士身延鉄道

現在の身延線の前身で、早くから国有化の動きがあり、昭和13（1938）年から国鉄が借用線として営業を行なっていたが、昭和16（1941）年3月買収された。電機は箱型の私鉄としては比較的大型のED級が2形式あり、国産初期の箱型機であった。ED20形は昭和2年川崎造船所製、ED21形は昭和3（1928）年日立製作所製で、阪和線や大糸線など、他の買収私鉄線区へ転属し、昭和34（1959）年〜48（1973）年にかけて廃車された。

国鉄では買収機として一番重宝がられた部類であるが、私鉄への譲渡はなく消えた。

富士身延201〜204⇒国鉄ED201〜4（廃車）

富士身延210〜212⇒国鉄ED211〜3（廃車）

なおデキ200形は200号もあったが、昭和16（1941）年三信鉄道へ譲渡され、三信デキ501として買収された。

富士身延の200形は買収後ED20形となった。川崎造船所初の箱型大型機で、発電制動を装備した。
1940年　P：裏辻三郎（所蔵：荻原二郎）

▶川崎造船で製造された当時のカタログ写真と、富士身延鉄道200形の竣功図。写真の200号は三信鉄道へ譲渡されている。竣功図に細い字で（200欠）と書かれているのがそれを示している。

ED20形は56トン、ED21形と同じ1時間定格出力740kwの電機としてはコンパクトにまとまっていて、全長は10862mmとED21形の12528mmに比べると短い。この期の川崎造船の電機としては小田急デキ1021形、吉野鉄道（近鉄）デ51形といった箱型機がある。　1954.10.10　石巻　P：石川一造

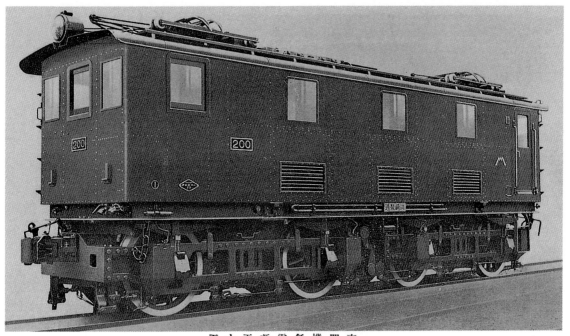

五十五噸電氣機關車
富士身延鐵道株式會社御用

電　氣　方　式	直流 …………………… 1500 volt.	働　輪　直　徑	…………………… 1250 m.m.
主　電　動　機	電壓 …………………… 675 volt.	軌　　　　間	…………………… 1067 m.m.
	馬力(一時間格定) ……… 250 H.P.	運轉整備ノ時ノ重量	…………………… 56 tons.
	回轉數 (〃) ………… 730 r.p.m.	働輪上ノ全重量	…………………… 56 tons.
	個數 …………………… 4個	最　大　長、幅、高	… 10862 m.m. ×2600 m.m. × 3500 m.m.
制　御　方　式	電氣及空氣併用制御機	最　大　高	(聚電裝置ヲ疊メル時) …… 4000 m.m.
制動機種類	ウエスチングハウス空氣制動機 EL. 14.	車　　　軸	ジャーナル徑×長 … 140 m.m. ×250 m.m.
	電氣制動機及手用制動機		ホヰールシート徑×長 … 190 m.m. ×160 m.m.
齒　　　車	直徑刻ミ …………………… 2.5		ギヤーシート徑×長 … 200 m.m. ×170 m.m.
	齒數 …………………… 17×88		

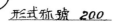

車輌鎔功圖表　　　　　富士身延鉄道

電氣機關車

形式称號　200

番號　200-204　(200欠)

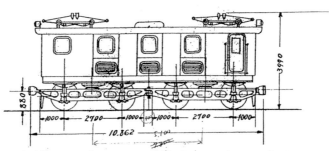

電動機
種類　直流直捲電動機
馬力　250馬力(一時間格定)
電壓　675ヴォルト
個數　4個
齒車比　88：17(5.176)

種類　直流直捲電動機
馬力　8馬力
電壓　1.500ヴォルト
個數　2箇
制禦器種類　複式制御器
個數　2個

制動機ノ種類　EL-14 圧搾空氣制動 手用制動 電氣制動
連結器ノ種類　中央緩衝自動連結器 (改良減式)
自重　56噸
最大寸法(長×幅×高)　10862×2743×3990
車軸(徑×長)　ジャーナル 140×250　ホヰールフィツ 190×160
　　　　(牽引力) 21870 封度
全員荷時ノ速度　28粁
牽引重量　244噸(1000勾配 32粁毎時)

製造所名	製造年月	代價	前所有者名	旧番号	記事
川崎造船所	昭和2年2月	63,625.00			

阪和線に転じ、白浜口行きの客車列車を牽くED20形。大阪－和歌山間の
直通線である阪和線を戦時買収によって取得した国鉄は、南紀観光用と
して客車列車を運転したが、これに充当するためED20形、EF52形などが
転属して来た。　　　　　　1950.6.23　鳳　P：三宅恒雄

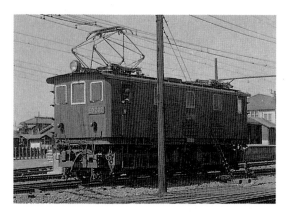

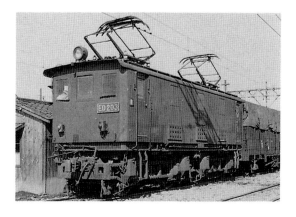

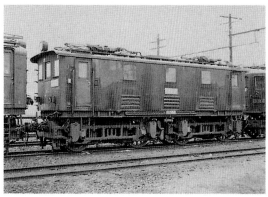

▲（左）みちのく仙石線へ転属したED202。小型の宮城電気鉄道ED27形に代わっての転属であろう。
1953.5.19　陸前原ノ町　P：三宅恒雄
▲（右）このED20 3は側面のベンチレーターの穴が丸形となっていて他車と異なっている。　1950.1.15　鳳　P：三宅恒雄

■富士身延鉄道

甲府

富士

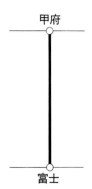

◀阪和線の鳳区に憩うED20 4。写真のように乗務員扉を増設した車輌もあった。
1955.3.28　鳳　P：吉川文夫

富士身延鉄道（現JR身延線）は国鉄買収後の形式でED20形・ED21形計8輌もの電気機関車を持っていた。輌数においては南海や名古屋鉄道より少ないとは言え、その頃の私鉄電機としては箱型の大型機で揃えていたことは美事であった。
1954.10.10　石巻　P：石川一造

形式称號　210

電氣機關車

番號　210～212

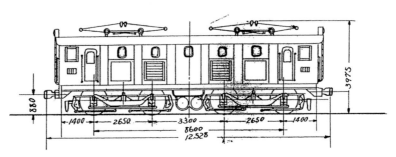

電動機	種類	直流直捲電動機
	馬力數	250馬力(一時間格定)
	電壓	675ヴォルト
	個數	4個

歯車比　92:17　(5.41)

電動發電機(壓搾空氣制動装用)	種類	直流直捲電動機
	馬力數	7.8馬力
	電壓	1500ヴォルト
	個數	2個

制御器種類　種類　複式制御器　個數　2個

制動機 種類	EL-14圧搾空氣制動手用制動 電氣制動
連結器 種類	中央緩衝自動連結器 (柴田式)
自重	56噸
最大寸法(長×幅×高)	12528×2743×3975
車軸(徑×長)	ジャーナル 150×260　ホヰールフィット 178×176
動輪軸	

全開荷 片松かけ　牽引力 9600 瓲　速度 28.8 粁

牽引重量　428 瓲 (百分ノ一勾配ニテ32粁毎時)

製造所名 立製作所	製造年月 昭和3年6月	代價 66,840.00	前所有者名	舊番號	記事

210形、のちの国鉄ED21形は日立製作所初期の電機として国鉄ED15形、南武鉄道1000形、長野電鉄ED5000形と仲間がいる。大型機は一般に台車枠に連結器が取り付けられているが、このころの日立の電機は車体に付けられているのも特徴の一つである。
1953.1.29 豊橋区　P：神谷静治

▲貨車に挟まれて回送中の富士身延211号。
　1939.10.14　吉祥寺　P：裏辻三郎（所蔵：荻原二郎）

◀（上）西武鉄道では国鉄のいろいろな形式の電機を借入使用したが、このED21 1もその一例。写真は北所沢でのスナップであるが、電機の後には三軸貨車トキ900形がちらりと写っている。
　　　　　　　　　　1952.4　北所沢　P：園田正雄
◀（下）ふるさと身延線で活躍中のED21 2。正面扉のすぐ左に点検用の梯子が付いているのも特徴の一つ。ひさし付きなので梯子もかなり車体から離れて取り付けられている。　1950.7.21　富士　P：三宅恒雄

側面の乗務員扉が左右とも埋められ、引き違い戸を持つ大型窓に改造された晩年のED21形。乗務員扉が正面にしか無いのはなにかと不便だと思うが、乗務員室の内部をゆったりとさせるためにこのような改造をしたものと思われる。写真は大糸線で使用時のもの。　1970.11　北松本　P：浅原信彦

宇部電気鉄道は宇部鉄道に合併されたのち国鉄に買収されたが、この写真は宇部電気鉄道時代のものである。手前はデキ11で後方はデキ1形である。国鉄のB型電機は蓄電池式電気機関車を改造したEB10形と宇部鉄道買収のデキ1形の2形式しか存在しない。　　　1940年　P：荒井文治

宇部鉄道

　山口県下の炭砿、セメント輸送鉄道として宇部鉄道は小野田鉄道とともに昭和18（1943）年5月国有化された。現在、関西国電の雄だったクモハ42形ががんばる宇部線である。宇部鉄道は国有化の前、昭和16（1941）年7月宇部電気鉄道を合併したが、岳南鉄道にあって人気のあったチビ電デキ1形はこの宇部電気鉄道の車輌であった。

　銚子電気鉄道デキ3と同じドイツのAEG製の凸電デキ1、2は直接制御式のチビ電。600V時代の岳南で、けなげにも本線の貨物列車を牽いて走る姿を見たことのある方も多いことだろう。

　のちED251となったデキ11は日本鉄道自動車の凸型機。日本鉄道自動車のこの手の電機は、あちこちから部品を集めて製作した例が多く、製造年が新しいわりに外国品などが使用されている。

　国有化後の昭和26（1951）年、台車は電車デハ201号がはいていたBrill形と交換され、1500V昇圧時まで上田交通上田原区に工事用として在籍していた。

　　宇部デキ1、2⇒国鉄デキ1、2⇒岳南デキ1、2
　　　　　　　　　　（廃車）
　　宇部デキ11⇒国鉄デキ11⇒国鉄ED251⇒上田ED251
　　　　　　　　　　（廃車）

貨車を牽いて琴川鉄橋を渡るデキ1形。昭和3年ドイツAEG製の凸電は車体は小振りではあるが、パンタグラフは独特な形をした大きなものを付けている。　　　絵葉書より複写　所蔵：白土貞夫

■宇部鉄道

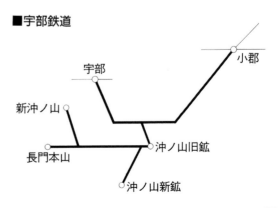

宇部電気鉄道時代のデキ2。ドイツ製の凸型電機は屋根のカーブにも特徴があり、単純な一つの半径で構成された車体のものも多い。後ろに写っている四輪単車はデハ1形で、熊本電気鉄道へ譲渡されモハ13形となった。
1940年　P：荒井文治

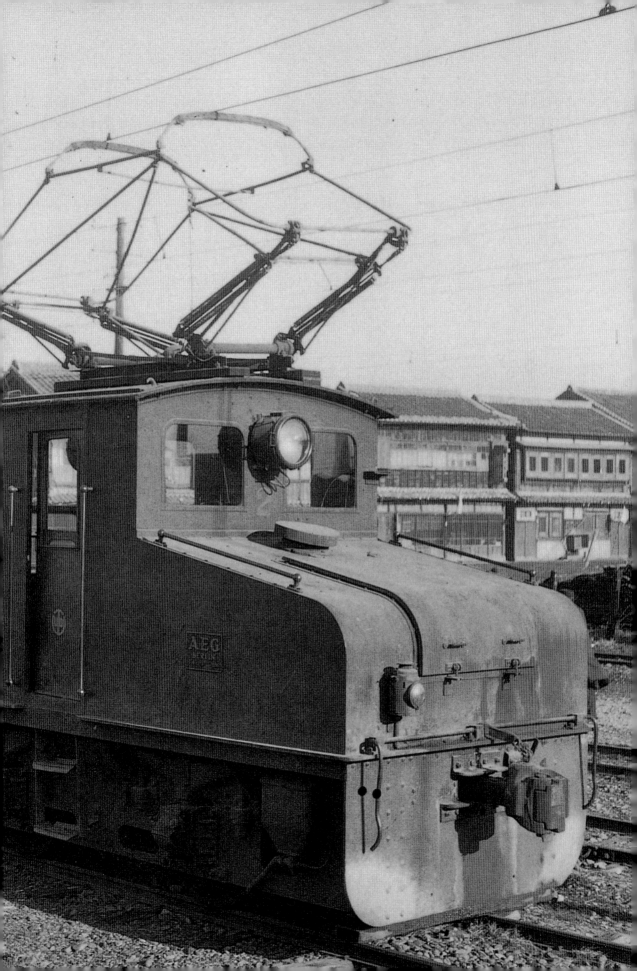

岳南鉄道へ譲渡されたデキ1。パンタグラフがPS13形に変わっているほか、連結器下部の覆いが除かれているなど、細部には色々変化が見られる。当時の岳南鉄道は600Vで、宇部電気鉄道も600Vだったので、昭和27年に譲り受け、そのまま使用された。　　　　　　　　　　　　　　1959.1.15　本吉原　P：吉川文夫

デキ1の側面。乗務員扉は両側にあり、コントローラーはキャブのほぼ中央に直接式が1ヶあった。　1959.1.15　本吉原　P：吉川文夫

デキ1は2枚の銘板を付けていたが、そのうちの1枚は珍しくもメーカーAEGと輸入商大倉商事の名があった。　1959.1.15　P：吉川文夫

デキ2のキャブ。ハンドブレーキの形状が面白い。右側に見えるのはコントローラーである。　　　　　　　　　　1959.1.15　P：吉川文夫

宇部電気鉄道時代のデキ11。この車輌は昭和12年日本鉄道自動車製で、製造時は板台枠の立派な台車を付けていた。
　　　　1940.1.3　宇部新川　P：臼井茂信

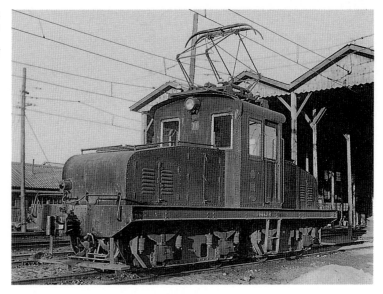

デキ11はED25 1と改番され、富山港線にやってきた。台車は昭和26年デハ201のブリル形と交換されている。　　1956年　城川原　P：小粥敏広

ED25 1は昭和35年に廃車された後、上田丸子電鉄に譲渡された。当時の上田丸子電鉄は電動機出力などに従って番号を付ける方式であったが、この電機は改番もされず使用された。
　　　　1976.8.21　上田原　P：諸河　久

上田丸子電鉄丸子線で貨物列車を牽くED25 I。昭和44年丸子線は廃止
され、上田丸子電鉄は上田交通と社名を変更したが、ED25 Iは別所線に
転じ、昭和61年の昇圧時まで在籍していた。

1967.10.31　丸子鐘紡付近　P：諸河　久

ロコ1は昭和12年7月南海鉄道工場製と竣功図表に記載されている。写真から見ても判るように南海型と言われている凸型の電機で、南海鉄道が自社の電機を車体更新したときの旧車体を流用したものと推定される。現車銘板は昭和12年木南車輌となっていた。　　　　1949.8.13　富山　P：宮澤孝一

ロコ2はED26 1と改番され、富山港線で長らく使用されていた。宇部鉄道買収機ED25 1とよく似た日本鉄道自動車製の電機であるが、全長、電動機出力などに多少の差異があり、国鉄の形式も別形式となっていた。　　　　1954.3.30　富山　P：石川一造

富山地方鉄道

　富岩鉄道は、富山県下の鉄道が合併統合して成立した富山地方鉄道の一員となったのもつかの間、昭和18（1943）年6月1日付で国鉄に買収、富山港線となった。この線は北陸地区の国鉄が交流電化されるなか、600V⇒1500Vに昇圧されたとは言え、直流区間のままとなっている。

　電気機関車は2形式2輌であったが、ロコモティブ＝ロコという称号が付いていた。ロコ1は南海スタイルの凸電、ロコ2はED25形と同じ日本鉄道自動車製の凸電であるが、電気品などがW.Hの舶来品を使用しており、国鉄の要目表ではそのためだろうか、大正13（1924）年W.H製、昭和15年日本鉄道自動車改造となっていた。昭和15（1940）年4月に富岩鉄道が電気機関車設計ノ件として認可を出したとき、中古車を購入と注記があるあたりがその発生原因であろうが、そろそろ車輌の新製がむずかしくなってきた頃の事情もからんでいるような気がする。ともあれ、車体は日鉄自のスタイルであり、昭和15（1940）年製としていいだろう。

　富山地鉄ロコ1⇒国鉄ロコ1⇒土佐電鉄ED1001（廃車）

　富山地鉄ロコ2⇒国鉄ロコ2⇒ED261⇒長岡鉄道（越後交通）ED261（廃車）

ED26 1は昭和35年越後交通に譲渡され、長岡線で使用された。日本鉄道自動車製のB－B型凸電は他にも仲間が多い。
1972.9.1　西長岡　P：西尾恵介

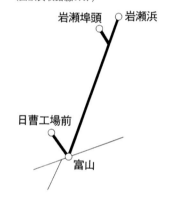

■富山地方鉄道
（国鉄買収路線のみ）

岩瀬埠頭　　岩瀬浜

日曹工場前

富山

ロコ1は電化された土佐電気鉄道安芸線に入り、昭和25年からED1001となって使用開始された。筆者が昭和45年に見たときは小型の車輌だったので死重として鉄のブロックを運転台の床に積み重ねて牽引力の増加を図っていた。
1970.5.3　安芸　P：吉川文夫

三信鉄道

　豊橋〜辰野間の飯田線は豊川、鳳来寺、三信、伊那の各鉄道から成っていた。三信鉄道はこのなかで一番最後に開業した鉄道で、地勢はけわしく工事は容易でなかったが、天竜峡〜三河川合間が全通したのは昭和9（1934）年のことであった。建設が困難であったことは即ち建設費がかかったということにもなり、沿線人口も多くないことから、三信鉄道の運賃は旅客、貨物とも割高であった。このため沿線の人々から国営移管運動も起きていた。

　買収は昭和18（1943）年7月で、豊川鉄道、鳳来寺鉄道、三信鉄道、伊那電気鉄道が一斉に買収され、国鉄飯田線となった。

　三信鉄道は富士身延鉄道を廃車となったデキ200号を昭和16（1941）年に譲り受け、デキ501としていたのが唯一の電機である。昭和24（1949）年に早くも廃車となったため、写真があまり残っていない。今回鷹取工場での廃車体の珍しい写真を掲載することができた。

　身延デキ200⇒三信デキ501⇒国鉄デキ501（廃車）

鳳来寺鉄道

　鳳来寺鉄道は飯田線のうち長篠〜三河川合間を形成していたが、豊川鉄道と資本系統は同じで、電車は同

三信鉄道唯一の電機は富士身延鉄道のデキ200を譲り受けたデキ501であった。　　　　1952.8.23　鷹取工場　P：石川一造

鳳来寺鉄道デキ100、正面の100というナンバープレートの左側に鳳来寺鉄道の社紋を付けている。　　　　1936.3.21　豊橋庫　P：臼井茂信

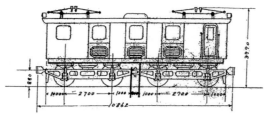

秩父鐡道デキ50

電気機関車
記号番号 デキ50

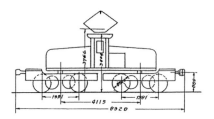

電動機 種類　直流直捲電動機
出力　61.89ᴷᵂ
電圧　650ᵛ
箇数　4　箇

歯車ノ比「ギヤー」81「ピニオン」15

圧搾空気制動機用 電動機 種類　直流直捲電動機
出力　4.21ᴷᵂ
電圧　1.500ᵛ
箇数　1　箇

制御器ノ種類 種類「カムシャフトコントローラー」
箇数　2　箇

制動機ノ種類　専用器圧搾空気制動機
継結器ノ種類「シャロン」型自動聯結機
自　重　25.40瓲
最大打法(動幅満)8928×2438×3766
車軸(軸長)127×1861「ジャーナル」88.9×203.2「ホギーセンット」120.7×182.6

牽引力　3322瓲
速度　27.4粁

製造所名	製造年月	代價	前所有者名	旧番号等	記事
英國電気株式会社	大正十四年十一月	32632.40		電機51	1.昭和五年十二月改造 2.昭和30年5月一ヶ月経軸受変更

（上）竣功図は鳳来寺鉄道デキ50のものであるが、旧番号の欄にある「電機51」はよく判らない。認可書類ではデキ100⇨デキ50となっている。
（下）国鉄飯田線時代のデキ50。

1952.2.11　天竜川　P：石川一造

35

山形交通入りしたED28 1は自社発注の電機ED 1が存在していたので、その続番としてED 2 という番号をもらった。1974.11.2　高畠　P：諸河　久

形のものが通し番号で使用されていた。電気機関車も同じで、大正14（1925）年English Electric Co.製の凸型機が鳳来寺鉄道はデキ50、豊川鉄道はデキ51となっていた。

　この電機は必要でない部分は箱としないといったような、台車の方が大きくはみ出したような特異な形態をした車輌である。小型機のわりに板台枠のゴツイ台車が、余計下廻りが大きいという印象を与えている。

鳳来寺デキ50 ⇒ 国鉄デキ50 ⇒ ED281 ⇒ 近江ED281
　　　⇒ 山形交通・高畠線ED 2 （廃車）

豊川鉄道

　飯田線の豊橋口、豊橋〜長篠間が豊川鉄道の路線だった。この鉄道は明治33（1900）年蒸気動力で開業した歴史の古い鉄道で、昭和17（1942）年には海軍

昭和31年に廃車となったED28 1は近江鉄道へ譲渡された。
　　　　　　　　　1957.2.24　彦根　P：有馬武司

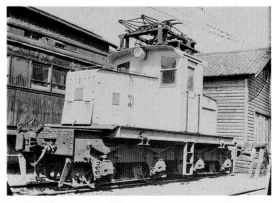

豊川鉄道デキ50 ⇒ デキ51 ⇒ 国鉄デキ51 ⇒ ED28 2となった車輌のデキ50
時代（改番の詳細は38頁参照）。　1936.3.24　豊橋　P：臼井茂信

工廠への連絡線として豊川～西豊川間も開業している。

　電機は鳳来寺と同形の51のほか、日車・東洋電機製の箱型機デキ52があり、同じメーカーによるスマートなデキ54は近鉄のデ25と同型機であるが、落成は国鉄となってからであった。なお、デキ53は姉妹会社の田口鉄道に在籍していた箱型機で、国鉄の買収対象とは

国鉄デキ51時代の姿。後方に塗り分け姿でいる電車は横須賀線から転入したモハ32形（後のモハ14形）。1952.2.11　豊橋区　P：石川一造

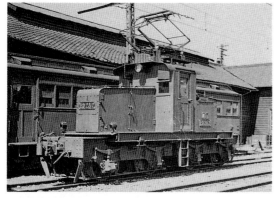

国鉄飯田線時代のED28 2。右上の写真の1年後の撮影であるので、この間に改番されたことが判る。　　1953.3.22　豊橋区　P：石川一造

なっていない。

　　豊川デキ51⇒国鉄デキ51⇒ED282⇒遠州鉄道ED282

　　豊川デキ52⇒国鉄デキ52⇒ED291⇒岳南鉄道ED291

　　豊川デキ54⇒国鉄デキ54⇒ED301⇒ED2511⇒

　　伊豆急ED2511（廃車）

遠州鉄道ED28 2となったイギリス生まれの凸電は、ヘッドライトを前方に移設し、運転台の視界改善のため中央に窓が付けられている。従えているのは工事用の無蓋貨車。　　　　　　　　　　　　　　　1984.12.3　遠州西ヶ崎　P：名取紀之

鳳来寺鉄道、豊川鉄道買収機ED28形について

飯田線の路線は豊川鉄道、鳳来寺鉄道、三信鉄道、伊那電気鉄道の4つの私鉄を買収したものである。そのうちの鳳来寺鉄道と豊川鉄道は路線もお隣さん同士であり、車輌も同じ形のものを2社で所有していた。

国鉄に買収になった後、ED28形という形式を付けられた凸型電気機関車もそのうちのひとつで、デキ50⇒ED28 1が鳳来寺鉄道買収機、デキ51⇒ED28 2が豊川鉄道買収機である。1925（大正14）年イングリッシュエレクトリック社製のこの凸電は、台車に比べ小振りな車体が特徴で他にあまり例をみないスタイルをしている。国産では戦時中に作られた国鉄EF13形がこの系統と言えないこともない。

この2輌の電気機関車の番号変遷については、鳳来寺デキ50⇒国鉄デキ50⇒ED28 1、豊川デキ51⇒国鉄デキ51⇒

ED28 2とされていたが、私鉄時代に一度改番されていることが判ったので、この際記しておきたい。またこれを実証する写真として荒井文治さんのお宅へ伺った時、昭和11年に臼井茂信さんが豊橋で撮られたデキ100の写真を拝見し、これを掲載したのでぜひ併せてご覧いただきたい。

2輌の電気機関車の番号を書類上で追ってみると次のようになる。

- ●鳳来寺鉄道
  昭和13年1月18日付で形式称号および番号変更届が出されており、「デキ100」を「デキ50」としている。
- ●豊川鉄道
  昭和5年10月2日に台車の制動子が従来片側式であったのを抱き合わせ形に変更の認可を得ており、併せて形式

称号「電機50」、番号「電機50」を形式称号「デキ50」、番号「デキ50」としている。そしてさらに昭和13年1月19日付で電車を含めて車輌形式称号並びに記号番号変更届が出され、デキ50は形式称号は変わらず、記号番号が「デキ50」から「デキ51」となっている。これは鳳来寺の電気機関車がデキ100⇒デキ50となったからである。

何ともややこしく改番したもので、鳳来寺鉄道のデキ100をデキ51とすれば豊川鉄道のデキ50はそのままでもよかったような気がする。

ただ、ここで不思議なのは豊川鉄道が昭和2年に日本車輌で製作した電気機関車は当初よりデキ52で、この改番までデキ51は欠番であったのかということである。これは推論の範囲であって鳳来寺鉄道の古い車歴を調べないと確定

したことは言えないが、鳳来寺鉄道のデキ50の竣功図表に旧番号「電機51」とあるのが気になる。電機51⇒デキ100⇒デキ50という順序かも知れない。竣功図表添付の件名一覧にはこの辺の記載はない。

はっきりしているところで記号番号の変遷をまとめてみると次のようになる。
● 鳳来寺鉄道　デキ100形デキ100⇒デキ50形デキ50⇒国鉄デキ50形デキ50⇒ED28形ED28 1
● 豊川鉄道　電機50形電機50⇒デキ50形デキ50⇒デキ50形デキ51⇒国鉄デキ50形デキ51⇒ED28形ED28 2

なお、写真を見ていただければお判りのように、車体への標記に記号はなく、番号だけである。

モハ1を従えて高畠線を行く山形交通ED2。この2輛はともに現在でも山形県下で静態保存されている。　1974.11.2　高畠　P：諸河　久

豊川鉄道時代のデキ52。楕円形のナンバープレートがシックである。昭和2年、日本車輛と東洋電機製造のコンビで製作された。昭和初期の日車製の電機は台枠のところに空気配管が往復しているのが特徴の一つでもある。　　　　　　　　　　　　　　　　　　　　　1940.8　豊橋　P：臼井茂信

ナンバープレートが変更され、パンタグラフもPS13形になった戦後のデキ52。三信鉄道から買収の電車デ300形と並んでいる。
　　　　　　　　　　　　　　　　　　　　　　　　　　　　　　　　　　　　1952.2.11　豊橋区　P：石川一造

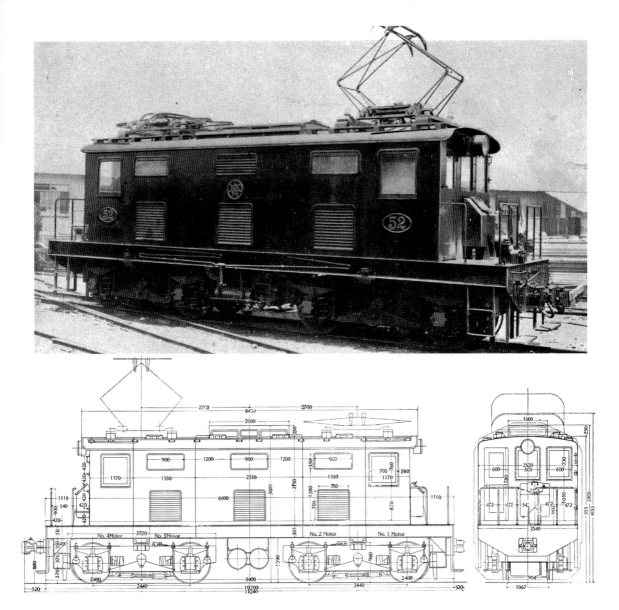

───── 貨 車 用 電 氣 機 關 車 ─────

（豊川電氣鐵道株式會社納）

設 備 其 ノ 他

一　　般	電　氣　關　係
軌間 … … … … … 1066.8	電氣方式 … … … … 直流 1500ボルト
連結器 … … … … 自働聯結器	
制動機 … … … {室氣制動機 / 手用制動機	電働機 … … … {馬力 150 / 個數 4
運轉重量 … … … 45 噸	
大サ … … 長サ 高サ 幅 (バフアー / ビーム間)(軌條面上ヨリ / 屋 根 上 迄)(最 大) 10200 × 3805 × 2540	齒車比 … … … … 18 : 70
働輪直徑 … … … 965	制御方式 … … … … 復式
ホイールベース{トータル ホイールベース 7840 / リジツト ホイールベース 5400	聚電裝置 … … スライデイング パンタグラフ式

太平洋戦争の真っ只中、昭和19年に日本車輌・東洋電機製造で製作されたデキ54は、発注は豊川鉄道であったが、車輌が竣功したときは国鉄に買収となっていた。戦時中に生産された車輌というとスタイルは二の次となるが、デキ54はなかなか好スタイルである。　1951.6.19　豊橋区　P：神谷静治

国鉄ED29 1となった豊川のデキ52。完成当初、デッキ部分に砂箱があったため広いデッキを持つ。　1953.3.22　豊橋区　P：石川一造

デキ54がED30 1となったころ。この後ED25 11と再改番され、昭和38年に国鉄を廃車となっている。　1953.3.22　豊橋区　P：石川一造

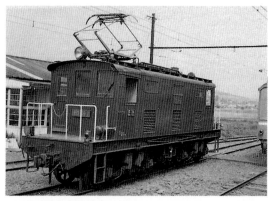

ED29 1は昭和34年岳南鉄道に譲渡された。以来、今日まで40年間、岳南での活躍が続いている。　1961.5.22　岳南江尾　P：吉川文夫

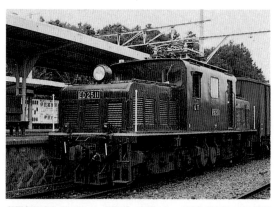

伊豆急行時代のED25 11。廃車後、車籍はないが東急長津田工場入換機ED30 1として使用されている。1980.8.31　伊豆高原　P：吉川文夫

伊那電気鉄道

辰野〜天竜峡間79.8kmという長い鉄道で、当初路面電車形の四輪単車でスタートした。買収時の電車線電圧は直流1200Vであったが、現在はむろん1500Vに統一されている。

電機は国産初期のTR14系の釣合梁式電車形台車をつけた6輌の凸型機があったほか、増備車として箱型の10、20〜21の3輌があった。のちにED31形となった凸型機は5輌が近江鉄道に集結し、現在も大半が健在である。メーカーは造船所として有名な石川島造船所で、電気部分は芝浦製作所。ED316は上信電鉄に健在であるが箱型機に改装されている。

デキ20はG.EのED14形の流れを汲むといった感じの国産機で、均整のとれた中型機であったが、2輌とも私鉄に譲渡されることなく、飯田線でついえた。

伊那デキ1〜2⇒国鉄デキ1〜2⇒西武1〜2
　　　　　⇒近江ED311〜2
伊那デキ3〜5⇒国鉄デキ3〜5⇒近江ED313〜5
　　　（ED315は廃車）
伊那デキ6⇒国鉄デキ6⇒上信ED316
伊那デキ10⇒国鉄デキ10⇒ED321⇒岳南ED321
　　　（廃車）
伊那デキ20〜21⇒国鉄デキ20〜21⇒ED331⇒ED2611
　　　〜12（廃車）

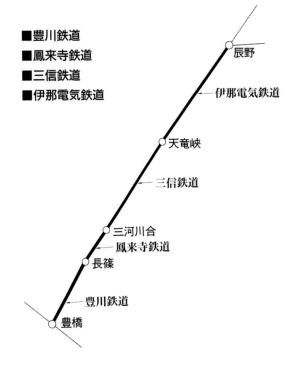

■豊川鉄道
■鳳来寺鉄道
■三信鉄道
■伊那電気鉄道

辰野
　┤伊那電気鉄道
天竜峡
　┤三信鉄道
三河川合
　┤鳳来寺鉄道
長篠
　┤豊川鉄道
豊橋

伊那電気鉄道時代の飯田駅に停車中のデキ2。連結器はらせん連結器でバッファーも付いている。伊那電は600Vの軌道線として明治42年に開業、大正末期に地方鉄道化したが、デキ1はその時芝浦製作所・石川島造船所で製作した電気機関車である。

絵葉書より複写　所蔵：白土貞夫

重連で貨車を牽くデキ5＋デキ2。大正12年製の無骨な電機は総括制御運転が可能であった。台車は国鉄電車の標準型だったTR14(DT10)系の釣合梁式台車が付いている。　　1951.11.22　辰野　P：鹿島雅美

ED31形と改番された直後の姿。鉄道線となった伊那電の電圧は1200Vであった。そのため豊川鉄道、鳳来寺鉄道、三信鉄道を併せて飯田線となった後も天竜峡を境に1200V／1500Vと電圧が異なり、1500Vに統一されるまで機関車は直通運転されなかった。　　1953.3.23　伊那松島　P：石川一造

昭和10年ごろの伊那電デキ2。ヘッドライト後方にアメリカの機関車のような鐘が見える。『鉄道』1935年2月号より複写　P：平井通夫

伊那松島区に憩うデキ6。伊那電の工場があった伊那松島は現在もJR東海伊那松島運輸区がある。　1950.8.29　伊那松島区　P：寺田貞夫

中央本線との接続駅、辰野に停車中の伊那電時代のデキ6＋デキ5の重連。　　1939.7.29　辰野　P：裏辻三郎（所蔵：荻原二郎）

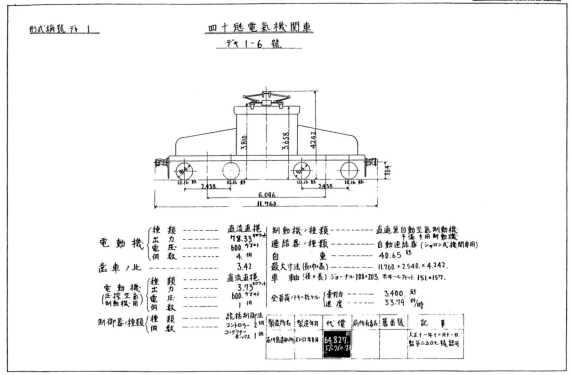

形式稱號　デキ1　　　　　四十瓲電氣機關車
デキ1-6號

電動機
　種類 ────── 直流直捲
　出力電壓 ── 78.33キロワット 600.ヴォルト
　個數 ──── 4. 個
歯車ノ比 ───── 3.42
電動機
（壓搾空氣制動機用）
　種類 ─── 直流直捲
　出力電壓 ─ 3.73キロワット 600.ヴォルト
　個數 ─── 1 個
制御器ノ種類
　種類 ─── 統括制御法
　個數 ─── コントローラー 2個
　　　　　　コンダクターボックス 1個

制動機ノ種類 ──── 直通兼自動空氣制動機
　　　　　　　　　　予備手用制動機
連結器ノ種類 ──── 自動連結器（シャロン式機關車用）
自重 ──────── 40.65瓲
最大寸法（長中高）── 11.760.×2.540.×4.242.
車軸（徑×長）ジョーナル 108×203. ホヰールフィット 151×157.
全荷重ノトキ粘着ケル
　牽引力 ── 3.400. 瓲
　速度 ─── 33.79 粁/時

製造所名	製造年月	代價	前所有者名	番番號	記事
石川島造船所	大正12年8月	64.827.円 58.760.73			大正十一年十二月十一日 監第二一〇七號認可

西武鉄道に譲渡され1形1となったED31 1。西武鉄道ではED31形を2輌譲り受け、多摩川線の貨物用として使用したが、その活躍の期間は約5年と短く、昭和35年に系列会社である近江鉄道へ再譲渡されてしまった。

1955.9　武蔵境　P：園田正雄

ED31形6輌は昭和30～31年にかけて国鉄を廃車されたが、ED31 6のみは上信電鉄へ行き、箱型の車体に改造された。その時運転台も右側から左側に変更され、電気品の交換も行われた。台車は一時ブリル27MCBになっていたが、またTR14系に戻っている。
　　　　　　　　　　　　　　　　　　　　　　　　　　　　　　　　　1957.4　高崎　P：園田正雄

近江鉄道には5輌のED31が揃った。そして現在でもED31 5を除いて4輌が車籍を有している。　　　　1966.3.6　彦根　P：三宅恒雄

ED31形は凸型電機としては比較的大きなキャブであるが、その中央に大きな制御器がデンと座っている。　　1980.4.5　P：吉川文夫

ED31形の主幹制御器は電車型の小型のものが付いており、小さな正面窓から前方を注視して運転する。　　　1980.4.5　P：吉川文夫

デキ10は昭和2年三菱電機製の凸型電機で、伊那電の電機としては1輛1形式であるが、均整のとれたスタイルをしている。名鉄デキ300(元三河鉄道)や近鉄デ61形（元大阪鉄道）などがその仲間である。　　　　　　　　　　　　　　　1941年頃　辰野　P：裏辻三郎（所蔵：荻原二郎）

ED32 1と改番された当時の姿。釣合梁と重ね板ばねを組み合わせた台車はED22形をはじめとするボールドウイン・ウエスチングハウス製の電機によく見られるが、ED32形を含めて国産の電機もそれを見本に製作されたものと思われる。　　　　　　　　　　　　　1953.3.23　辰野　P：石川一造

形式 稱號 テキ10　　　　　　　　四百八十馬力電氣機關車

記號番號 テキ 10

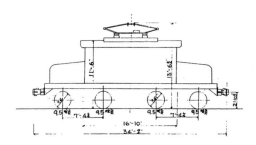

電動機 {
種　類 ──── 直流直捲
馬力數 ──── 120 HP
電　壓 ──── 600ボルト
電　箇 ──── 4 個
}

齒車ノ比 ──── 3.19

電動機(壓搾空氣制動用) {
種　類 ──── 直流直捲
馬力數 ──── 8 馬力
電　壓 ──── 1200ボルト
電　箇 ──── 1 個
}

制御器ノ種類 ──── HL型電磁空氣式 統括制御法

制動機ノ種類 ──── AMM型原空氣溜管式 空氣制動機 手備手用制動機

聯結器ノ種類 ──── 自動聯結器(シャロンレウスセリー型機關車用)

自　重 ──── 38噸

最大寸法(長×幅×高) ──── 34'-2"×8'-10½"×13'-6⅝"

車軸(稱×表) ショーナル 4寸×9寸 ネチールスット 6⅜"×5⅛"

全負荷牽キ=ケーヒル {
牽引力 ──── 9350 封度
速　変 ──── 19.3 哩/時
}

製造所名	製造年月	代 價	前所有者名	舊番號	記　　　事
三菱電機	昭和二年 九月	48575			昭和二年九月二十日 監査 二三一九一號認可

昭和10年頃のデキ10。
『鉄道』1935年1月号より複写　P：平井通夫

パンタグラフが2台になったED32 1。塗装もチョコレート色に黄色のラインを入れている。　　1979.9.6　岳南江尾　P：吉川文夫

ED32 1は昭和35年に岳南鉄道が譲り受けた。当初は国鉄時代と同じくパンタグラフは1台であった。　1961.5.22　岳南江尾　P：吉川文夫

上の写真の反対側。正面の機械室が左右に片寄っていないのがよく判る。扉は左側のみ。　　1979.9.6　岳南江尾　P：吉川文夫

伊那電のデキ20形は昭和4年芝浦製作所・汽車製造で20・21の2輌が製造された。1時間定格出力600kw（端子電圧540V時）と当時としてはかなり出力の大きい私鉄用電機であった。
1951.7.21 豊橋 P：神谷静治

国有化後、伊那電のデキ20形はED33形からED26形11～と改番された。写真はED33形時代のサイドビューである。 1952.7.23 豊橋 P：神谷静治

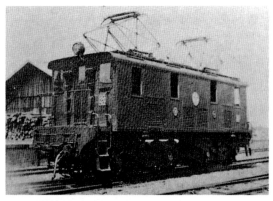

昭和10年頃のデキ20。国鉄では多い芝浦・汽車というコンビだが私鉄向け電機では珍しい。『鉄道』1935年1月号より複写　P：平井通夫

ED26 11となった晩年の伊那電20形。戦前生まれの電機のため、内部機器はかなり改造されている。　　　　1969.9.1　辰野　P：笹本健次

国鉄デキ21時代の姿。終戦直後のこととて運転台の窓の下に英文で立入禁止の注記が書かれている。　　　1950.8.29　辰野　P：寺田貞夫

伊那松島区を終始離れることの無かったED26形2輌は昭和48年に廃車になったが、私鉄譲渡はなかった。1971.4　伊那松島　P：浅原信彦

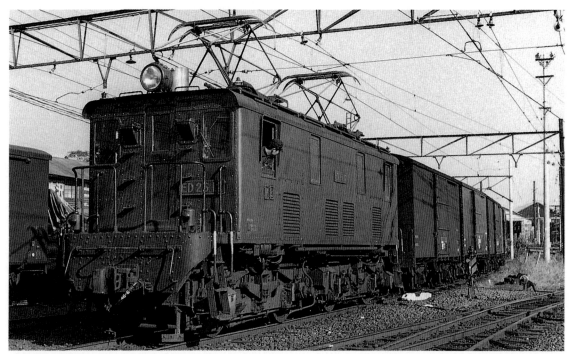

ワムを従えた貨物列車の先頭に立つED26 12の堂々たる姿。歴代のED電機のラストを務めたED62形の貨物列車も消えた今、飯田線を走る電機はイギリス生まれのED18形やイベント用のEF58形のみとなってしまった。
　　　　　　　　　　　　　　　　　　　　　　　　　　1970.11　伊那松島　P：浅原信彦

青梅電気鉄道の箱型電機は4輌とも
西武鉄道に譲渡されてE41形となっ
た。4輌それぞれに形態差があるほか、
冬季にはスノープラウも装備した。
1974.1.29 吾野—東吾野
P：西尾恵介

ゲタ電区間となった買収線区の電機

　下巻で取り上げる買収電機は青梅、南武、宮城（現仙石線）、阪和と、それに762mm軌間の両備鉄道（現福塩線）の車輌である。これらの線区は福塩線を除けば20m 4扉の通勤型電車が走る、いわゆるゲタ電区間となっている線区である。

　青梅線などと言うと、私鉄時代はローカル私鉄線で、ハイキングに行く時に乗るという印象の路線であった。もちろん今でもJR東日本はハイキングに青梅線で…と宣伝はしているものの、立川－青梅間は東京駅からの直通の快速電車も走る通勤区間となり、首都圏という名が造語されたように通勤圏が拡大していったことを示している。そして、電気機関車の姿はほとんどの線区から消えてしまった。

夕日を浴びて西武鉄道多摩川線の築堤を走る1。飯田線の前身、伊那電気鉄道の買収電機である。1956.1.1　多磨墓地付近　P：園田正雄

青梅電気鉄道

青梅、南武、鶴見の各線は東京のゲタ電区間となっているが、いずれも戦争がたけなわというより、もう日本が英米に押されて不利になって来た昭和19(1944)年4月に国鉄に買収された線区である。

これらの路線は駅間距離も比較的短く、私鉄電車として営業していた名残りをとどめている。

資源不足の日本としては軍需品生産が第一で、電動車として計画されながらモーターのない電動車が出現したり、巷では不要金属を供出し、軍艦を1隻でも多く作ろうと、お寺の鐘、鉄の門扉、銅像が撤去回収、レコードの針も鉄から竹となり、先端をハサミでとがらせて軍歌を聞いた時代であった。

青梅の電機は国鉄ED17の弟分といったところのE.E製箱型機で、西武鉄道E41形としての活躍期が長かったため、こちらの方が名が知られていよう。左右非対称のE.E製機は、東武鉄道、総武鉄道⇒東武鉄道、秩父鉄道、伊勢電⇒近鉄と仲間も多い。

青梅1〜2⇒1011〜12⇒国 鉄1011〜12⇒ 西 武 E41〜42（廃車）

青梅3〜4⇒1013〜14⇒国 鉄1013〜14⇒ED361〜2 ⇒西武E43〜44（廃車）

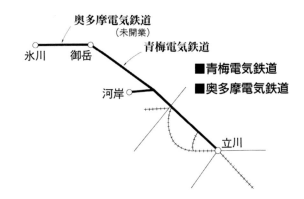

奥多摩電気鉄道
（未開業）

氷川　御岳　青梅電気鉄道

■青梅電気鉄道
■奥多摩電気鉄道

河岸

立川

ベンチレーターが4コ増設された昭和10年代の1号機。正面の形は非対称。側面も左右で窓やベンチレーターの配置が異なる。　P：米本義之

1号機の逆側。ベンチレーターの数が少ない。青梅電気鉄道の1〜4号機のうち1は大正15年の製造で、自重が2〜4号よりやや小さく、当初は形式も1号形、2号形（2〜4）と別れていた。

1940.8.16　青梅　P：荒井文治

▼青梅電気鉄道が電化のときに揃えた４輛の電機１〜４はイギリスからの輸入機である。この写真は１号の製造直後の写真と思われるが、昭和10年代の１号の写真と比較して見ると、側面のベンチレーターの数が３コ×４列と12コしかないのが判る。　　　　　写真所蔵：大塚和之

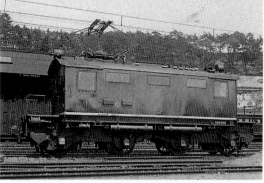

▲青梅の電機は細かいところがよく変化する。この１号も前頁の写真と比較するとパンタグラフが２台から１台に減じている。後のED36時代の姿を見ると、このパンタグラフは車体の端ではなく、中央に１台という姿のものもある。
1941.4.12　青梅　P：臼井茂信

２号機の側面。左頁の１号機の写真と比べると縦長の窓があったり、ベンチレーターの数が多かったりしている。２号機は昭和２年製造と竣功届が出されている。ちなみに３〜４号機は昭和５年となっている。
1940.8.16　青梅　P：荒井文治

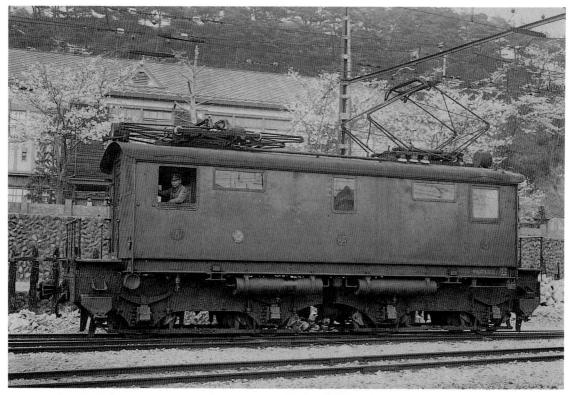

国鉄ED51形（のちのED17形）を小型にしたようなこの電機は、日本にも秩父鉄道、伊勢電気鉄道（近鉄）、東武鉄道、総武鉄道（東武野田線）と仲間がいる。この3号機、前頁の1号機と同じ日の撮影であるが、こちらはパンタグラフが2台付いている。　　　　　　　　　　　1941.4.12　青梅　P：臼井茂信

3号機。箱型機は正面の扉が中央で、左右対称型というのが一般的であるが、イングリッシュエレクトリックの日本向け中型機はいずれも正面は非対称で、向かって右側に運転席がある。国鉄のED17形はデッキ付きの車輛がこのスタイルで、デッキなしのED17形は対称型である。　　　　P：米本義之

西武鉄道が借入使用中のED36 2。「八」という八王子機関区所属の札が側面の窓下に付けられているが、従えているのは西武鉄道の木造有蓋貨車ワフ11である。

1955.2.24　上石神井　P：吉川文夫

青梅の電機4輌のうち2輌はED36形という形式をもらう前に国鉄を廃車となってしまったので、1013と1014がED36 1・2に改番されている。乗務員扉の右脇に小窓が増設されている。ED36 2。

1953.11.29　西国立　P：石川一造

所沢にあった電気機関車の車庫に集まった３輌のE41形。この
アングルから見ても３輌ともどこかしら違うところがある。間
違い探しのつもりで観察してみるのも一興であろう。右から
E43、E44、E42。　　　　　　　　1978.10.29　P：名取紀之

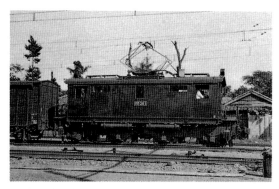

西武本川越駅に停車中のED36 I。国鉄時代装備改造がなされ、主電動機は国鉄MT10形に変更された。　1952.9.20　本川越　P：石川一造

下の写真と共にE41の両側面を示している。4頁上の写真と比べるとベンチレーターの数が減っている。

　　　　　　1967.12.10　小手指区　P：吉川文夫

E42は昭和24年4月に西武鉄道が譲受けた。この写真は譲渡間もないころのもので、車体標記は42となっている。

　　　　　　　　　1951年　保谷　P：園田正雄

このE41と57頁上の I 号機時代と比べて見ていただきたい。プレート類がみな撤去されてしまっている。　1964.7.5　所沢　P：吉川文夫

晩年、所沢を基地として働いていたときのE42の姿である。電気機関車の車内機器室は中央通路式の車輌と両側通路式のものがあるが、E41形は中央通路式で、その左右に種々の機器を配置している。それが要因となって左右側面の外観が違っているのである。　1982.5.22　所沢　P：名取紀之

車輌竣功図表

車種　電気機関車

記號番號　41

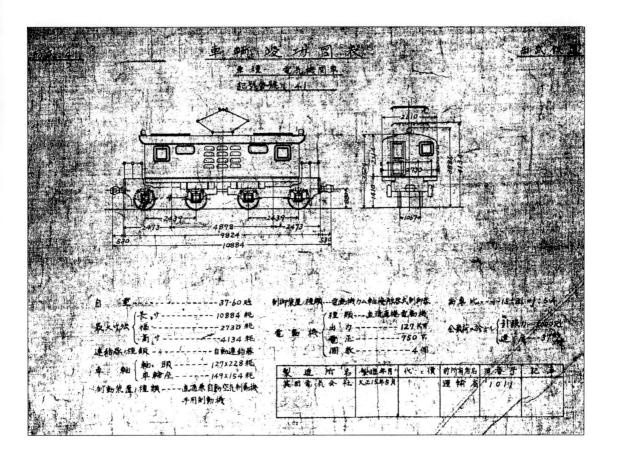

自重 ------------ 37.60 瓲

最大寸法 {長サ ---- 10884 粍　幅 ---- 2730 粍　高サ ---- 4134 粍

連結器ノ種類 ---- 自動連結器

車軸 {軸径 ---- 127×228 粍　車輪座 ---- 149×154 粍

制動装置ノ種類 ---- 直通及自動空気制動機　手用制動機

制御装置ノ種類 ---- 電動機カム軸総括8式制御器

種類 ---- 直流直捲電動機

電動機 {出力 ---- 127 KW　電圧 ---- 750 V　個数 ---- 4 個

歯車比 ---- 1:5.54

全長荷ニ於ケル {引張力 ---- 5000 瓩　速度 ---- 37 粁

製造所名	製造年月	代価	前所有者名	旧番号	記事
英国電気会社	大正15年5月		運輸省	1011	

車両竣功図表

車種　電気機関車

記號番號　42

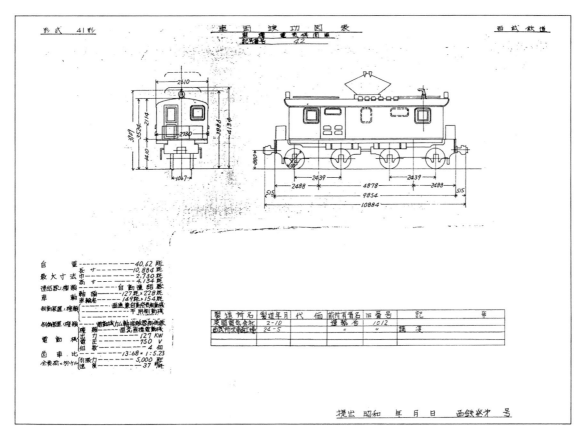

自重 ------------ 40.62 瓲

最大寸法 {長サ ---- 10,884 粍　幅 ---- 2,730 粍　高サ ---- 4,134 粍

連結器ノ種類 ---- 自動連結器

車軸 {軸径 ---- 127×228 粍　車輪座 ---- 149×154 粍

制動装置ノ種類 ---- 直流及自動空気制動機　平用制動機

制御装置ノ種類 ---- 電動機カム軸総括器制御式

種類 ---- 直流直捲電動機

電動機 {出力 ---- 127 KW　電圧 ---- 750 V　個数 ---- 4 個

歯車比 ---- 13:68 = 1:5.23

全長荷ニ於ケル {引張力 ---- 5,000 瓩　速度 ---- 37 粁

製造所名	製造年月	代価	前所有者名	旧番号	記事
英国電気会社	2-10		運輸省	1012	
西武所沢車両工場	24-5		〃	〃	讓受

提出　昭和　年　月　日　西鉄様式　号

PS13形パンタグラフを2台つけたE43の姿である。1013・1014がED36 1・2を経て西武鉄道に譲渡され、E43・44となったのは昭和35年であるが、それ以前に借入使用期間がある。このE43は廃車後も横瀬に保管されている。　　　　　　　　　　　1973.12.14　吾野　P：西尾恵介

運転席の側面窓のあたりに小改造が施されているE44の姿である。このE44は廃車後、JR貨物に譲渡され、一時は新鶴見機関区のイベントの時などに展示されたこともあったが、最近は姿を見せない。

1960.8　保谷　P：園田正雄

この頁の2枚の写真でE44の両側面の形状が判る。以前から見るとデッキに昇るためのステップがかなり長くなり、屋根上の歩み板も高めのものが付けられている。

1969.8　小手指　P：中西進一郎

この写真のE44は連結器の脇にスノープラウ取り付け用の座が設けられていて、正面の台車枠付近が賑やかになっている。

1982.5.22　所沢　P：名取紀之

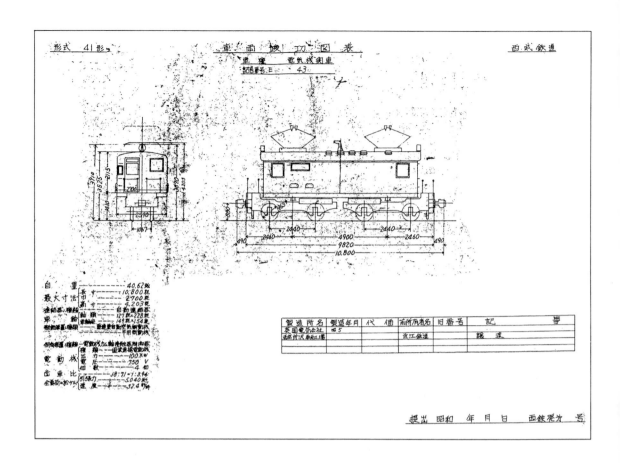

形式 41形 　車両竣功図表 　西武鉄道

車種 電気機関車
記号番号 E 43

自重 ... 40.62瓲
最大寸法 長サ ... 10,800粍
幅 ... 2,700粍
高サ ... 4,203粍

製造所名	製造年月	代価	前所有者名	旧番号	記	事
英国電気会社	昭5		近江鉄道		譲渡	
西武所沢車両工場						

提出 昭和　年　月　日　西鉄発第　号

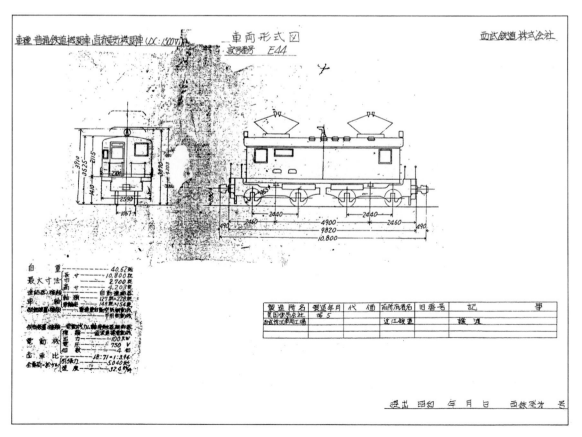

車種 普通鉄道機関車 直流電気機関車 (DC 1500V) 　車両形式図 　西武鉄道 株式会社

記号番号 E44

自重 ... 40.62瓲
最大寸法 長サ ... 10,800粍
幅 ... 2,700粍
高サ ... 4,203粍

製造所名	製造年月	代価	前所有者名	旧番号	記	事
英国電気会社	昭5		近江鉄道		譲渡	
西武所沢車両工場						

提出 昭和　年　月　日　西鉄発第　号

奥多摩電気鉄道

青梅電気鉄道の御嶽から先、氷川までは奥多摩電気鉄道という別会社が浅野セメント、日本鋼管などにより設立され、建設が行なわれていたが、戦時中の資材難の時とてなかなか工事ははかどらずにいた。しかし、石灰石が産出する日原地方への鉄道として、青梅電気鉄道について昭和19（1944）年7月未成線ながら買収された。車輌が走り出したのは国鉄になってからであったが、発注してあった電気機関車が1輌あった。これは東芝戦時形機と一般に言われている凸型機で、宮城電鉄ED353と同形機である。

奥多摩1021⇒国鉄1021⇒ED371⇒ED2911（廃車）

青梅電気鉄道の延長線という形であったが、一応別会社とされた奥多摩電気鉄道が発注した電機は、青梅の電機の1010形に続いて1020形と名付けられた。昭和19年東芝製で、国鉄になってからED37 1→ED29 11と改番されている。　　　　　　　　　　　　　1950.9.25　西国立支区　P：石川一造

東芝戦時型と一般に言われている凸電は奥多摩のほか宮城、東武、南海、西鉄、京成、富山地鉄、名鉄、三井三池、西武と僚友がおり、西武から伊豆箱根鉄道などに転じた車輌もある。
　　　　　　　　　　　　　　　　　　　　　　　　　　　　　1950.9.25　西国立支区　P：石川一造

南武鉄道

昭和19（1944）年4月買収された南武鉄道は、昭和15（1940）年五日市線の前身五日市鉄道を合併していたので、電気機関車、蒸気機関車を数多く有していた。南武鉄道が南武線となった戦後、払い下げ運動が起きたこともあったが実現には至らなかった。また、この南武線は先頃までEF級電機が石灰石列車を牽いて走る線区として知られていた。南武鉄道の4輌の電機は昭和3（1928）〜4（1929）年日立製作所製で、国鉄へED15形として日立製作所が納入した箱型機の流れを汲む。富士身延鉄道210、長野電鉄ED5000と同系列の車輌である。南武1000と富士身延210は台車が板台枠でなく、釣合梁組み立て式である。

南武1002⇨国鉄1002⇨ED342⇨ED2712⇨岳南

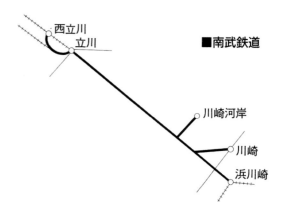

■南武鉄道

ED271（廃車）
南武1001、3、4⇨国鉄1001、3、4⇨ED341、3、4⇨ED2711、13、14（廃車）

岳南鉄道ED27 1（旧国鉄ED27 12）の銘板。　1969.12.30　P：吉川文夫

南武鉄道時代の1004。国鉄ED15形などと共に日立製作所初期の箱型電機で、昭和3年に1001・1002、昭和4年に1003・1004と4輌が製作された。

P：荒井文治

南武の1001形は国鉄になってからの最初の改番でED34形となった。ちょっと引っ込んだ位置にパンタグラフがあるように思えるのは、台車のボギーセンターに合わせたためである。

1955.9.25　西国立支区　P：石川一造

青梅線拝島で入換作業中のED34 2。この当時は五日市線も八高線も非電化で、拝島に集う国鉄線のうち電化していたのは青梅線だけだった。

1953.11.3　拝島　P：石川一造

ED27 11・12は昭和43年10月に廃車となるが、久里浜に留置されていたこともある。上／1967.9.10 下／1966.6.5 久里浜 P：吉川文夫

右／南武鉄道は非電化の貨物線もあったので電機と蒸機を保有していた。国有化後も立川の南武・青梅連絡線を通っての石灰石輸送列車が1998年まで盛況をきわめていた。 1953.11.3 立川 P：石川一造

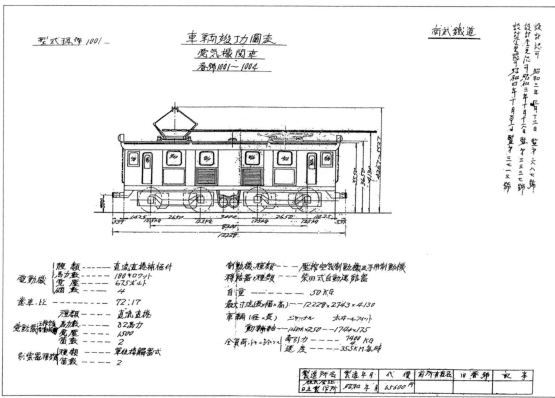

型式称呼 1001～

車輌牽引力圖表
電気機関車
番号 1001～1004

南武鐵道

岳南鉄道に入りED27 1となった南武の買収機ED27 12。国鉄時代の晩年は側面の出入扉が埋められ、大きな窓となっていたが、ED27 1は片側のみ扉が付けられた。岳南鉄道では大型すぎたのであろうが、活躍の期間は短かった。

1969.12.30　比奈　P：吉川文夫

石灰石列車を牽くため貨車を連結したED27 14。南武の電機は青梅の電機より出力が強かったので、青梅線にも進出して使用された。
1969.6.28　古里　P：笹本健次

宮城電気鉄道

　国鉄仙石線となっている宮城電気鉄道は昭和19（1944）年5月の買収。東北地方の私鉄は戦時中、自重をもって形式とする方式が多くとられ、ここの電機も自重約27トンということでED27形、35トンということてED35形とされていたが、ED272は凸型機を箱型機に改装した車輌で、原形はとどめていなかった。

　ところて、国鉄当初の電機EC40形は京福へ譲渡されたが、それがたまたま休車となって福井口の車庫にいた。ED353はED2811となったあと、いま軽井沢駅構内に展示されているアブト式機関車10000形⇒EC40を保存展示するため、京福電鉄へEC40と交換のため譲渡され、テキ531となったが現在は廃車されている。これも東芝戦時形機のひとつである。

　宮城キ1⇒ED271⇒国鉄ED271（廃車）
　宮城キ2⇒キワ2⇒デワ2⇒ED272⇒国鉄ED272（廃車）
　宮城ED35⇒国鉄ED353⇒ED2811⇒京福テキ531（廃車）

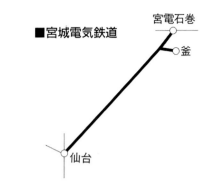

■宮城電気鉄道

右／ED27 1の銘板。　　　　　　　　1954.11.26　P：石川一造
75頁／宮城電気鉄道キ2は当初、凸型電気機関車として製造された。しかし、昭和8年に箱型の電動貨車風に改造されている。台車は電気機関車型の板台枠形のものであったから、日本では他に例を見ない珍しいスタイルの車輌となった。

大正14年製と書類上届け出されている宮城電気鉄道キ1は銘板の写真で判るように1924（大正13）年ボールドウイン・ウエスチングハウス製である。輸入機の場合、製作→船積→到着となるので、メーカー製造年と竣功届との時間差が目につく車輌が多い。

『たあーんてーぶる』より複写　P：姉崎正五

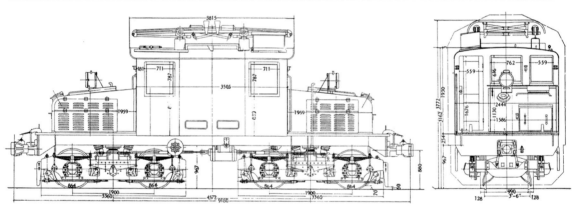

——— 貨 車 用 電 氣 機 關 車 ———

（宮城電氣鐵道株式會社納）

設 備 其 ノ 他

一　　　　　般	電 氣 關 係

一　　　　　般		電 氣 關 係	
軌間 … … … …	1066.8	電氣方式 … … …	直流 1500ボルト
連結器 … … …	自働聯結器		
制動機 … … …	{ 空氣制動機 { 手用制動機	電働機 … … …	{ 馬力 65 { 個數 4
運轉重量 … … …	26.5 噸		
大サ … …	長サ （バフアー ビーム間） 8242 × 高サ （軌條面上ヨリ トロリーベース臺迄） 3372 × 幅 （最大） 2445	齒車比 … … …	16：73
働輪直徑 … … …	864	制御方式 … … …	復式
ホイールベース	{ トータル ホイールベース 6472 { リジット ホイールベース 1900	聚電裝置 … …	スライデイング パンタグラフ式

キ1は宮城電気鉄道時代にED27 1と改番され、そのまま国鉄に引き継がれた。なぜED27なのかと言うと自重27tだからである。東北地方の私鉄にはこのような考え方で形式を付けている例が多い。

1954.4.9　藤曲　P：寺田貞夫

鷹取工場に検査入場中のED27 1の姿。上の写真は宇部線での撮影であり、そのような関係から関西の鷹取工場への入場となったものと思われる。昭和30年8月現在の機関車配置表によると、宇部電車区配置の電機はED27 1・2と元宮城の車輌で占められていた。

ED27 1とED27 2はともに昭和35年7月に廃車となっているが、この写真はその翌年、機器の一部が外されて工場の隅に留置されている時の姿である。

1961.3　鷹取工場　P：岩沙克次

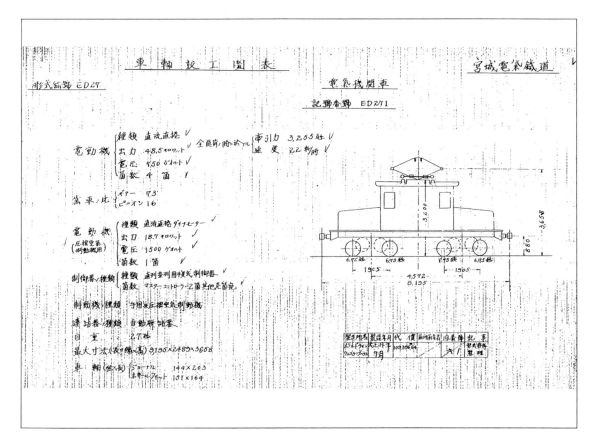

昭和3年日本車輌で機械部分を製作、電気品はアメリカのウエスチングハウス製であるキ2は箱型に改造された。国鉄買収時の番号はED27 2であるが、国鉄となってからも廃車になるまで、ずうっとこの番号は変わらなかった。　　　　　　　　　　　　1955.9.5　幡生　P：三谷烈弌

電気機関車のような電動貨車のような…こんな車輌は上田丸子電鉄のED2111などの例もあるが、スイスあたりには多く、客車列車をひっぱって堂々と走っている。ED27形は48.5kWモーター4台といささか出力が小さすぎる感があるのでそれは無理であろう。　　　　　　　　　1995.9.5　幡生　P：三谷烈弌

宇部線で現役だったときのED27 2。宇部電気鉄道は架線電圧600Vであったが、昭和25年に旧宇部鉄道の路線と同じ1500Vに昇圧した。このため600V車は廃車されたり、他線に転じ、1500V用の宮城電気鉄道のED27形が転属してきた。 1956.3　宇部電車区　P：小粥敏広

廃車となって鷹取工場にED27 1とともに留置されているED27 2。ED27形は2輌とも私鉄へ譲渡されることなく消え去ってしまった。大正14年開業の宮城電気鉄道は当初から1500Vであり、わが国の1500Vの電鉄としては早い方であった。 1961.3　鷹取工場　P：岩沙克次

古いボギー客車と貨車を従えて仙石線を走るED35 3。元宮城電気鉄道の電気機関車は形式とは関係なく、番号は連番とされているので、ED27形ED27 1・2のあとを受けてED35 3と付番されている。

1954.10.10　多賀城　P：石川一造

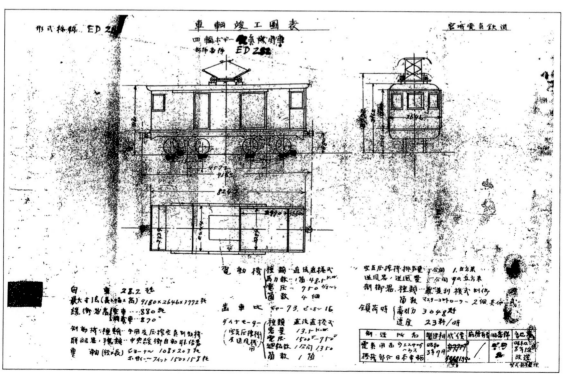

箱型電気機関車時代のED27 2の竣功図表であるが、記号番号のところは半分つぶれたような字でED28 2と記入されている。理由はよく判らない。図から判断すると大きな扉の部分が貨物室（荷物室）で、小さい扉の方は機器室への出入口のようである。国鉄の動力車は第1エンド、第2エンドと車輌の前後を明確にして、エンド標記もしているが、ED27 2は小さい扉の方が第1エンドである。右頁はED35 3の竣功図表だが、きわめて異例なことに縦位置に描かれている。

車輛竣功圖表

電氣機關車

形式称號 ED 35
番號 ED 353

宮城電氣鐵道

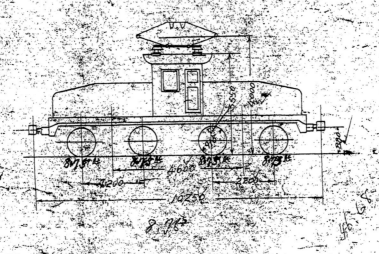

	種類	直流直卷電動機
電動機	出力	85 K.W
	電壓	550 V
	筒數	4

歯車比　69/19 (2.63)

	種類	直流直卷全閉型
電動機 (壓縮空氣制動機用)	出力	3.73 K.W
	電壓	150.0 V
	筒數	1

制御器	種類	直並列複式制御
種類	筒數	2 (元制御器)

制動機 種類 { 壓搾空氣制動機 (常用) / 手用 制動機 (予備) }

聯結機 種類　中央自動連結器

自　重　35. 瓲

最大寸法 (長×幅×高) 10250 × 2650 × 4000

車　軸 (釣裝)　ジョーナル　木オールフィット
120×210　165×150

牽引力　4480 瓩
速度　27 粁/時

製造所名	製造年月	代價	前所有者名	舊番号	記事
東京芝浦電氣 芝浦支社	昭和 17年 12月	143500 円	─	─	新造

宮城電氣鐵道株式會社

ED35 3は昭和17年東京芝浦電気製の東芝戦時型電機の一員である。写真は昭和28年当時の姿で、前照燈が屋根の下にあり、パンタグラフはPS13形である。

1953.5.19　陸前原ノ町　P：三宅恒雄

宮城電気鉄道のオリジナル車モハ801系や東京地区から転属の国電と共に車庫で一休みしているED35 3。ED35形は同じBB型電機ながらモーター出力は85kW×4とED27形の2倍近くあり、ED27形転出後も身延線から転属したED20形と共に仙石線で活躍した。　1955.8　陸前原ノ町　P：小粥敏広

多賀城駅で入換作業中のED35 3。仙石線のこのあたりは現在複線化されているが、当時はまだ単線だったことが判る。
　　　1954.10.10　多賀城　P：石川一造

ED35 3→ED28 11は現在軽井沢駅前に展示されているアプト式電機10000形→EC40形を京福から譲り受けるにあたり、その代わりとして京福へ譲渡されテキ531となった。
　　　1974.3.21　福井　P：吉川文夫

南海鉄道

スピードを誇った阪和電気鉄道は昭和15（1940）年に南海鉄道に合併、そして、昭和19（1944）年5月に国鉄に買収、阪和線となった。大阪と和歌山県の県庁所在地和歌山の間は直通する国鉄線がなかったから、阪和の獲得は国鉄の南紀・京阪ルートとして得るところ大であった。現在、特急がひんぱんに走り観光ルートへの連絡線となっているが、買収理由は大阪と和歌山地区の戦時貨物輸送であった。阪和の高速を誇った大型電車は有名であるが、電機も昭和5（1930）～6（1931）年日本車輌・東洋電機製のスラッとした箱型機はスタイルもよく人気者であった。

1500Vながら直接制御のロコ1100形は早く廃車になったが、近江鉄道の構内入れ換え用として現存している。

阪和ロコ1001、3⇒南海ロコ1001、3⇒国鉄ロコ
    1001、3⇒ED381、3⇒秩父
    ED381、3（廃車）

阪和ロコ1002⇒南海ロコ1002⇒国鉄ロコ1002⇒
    ED382⇒大井川E105⇒秩父
    ED382（廃車）

阪和ロコ1101⇒南海ロコ1101⇒国鉄ロコ1101⇒近江
    1101

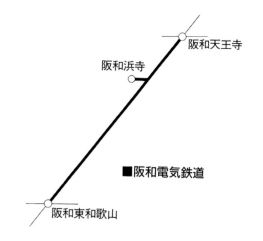

■阪和電気鉄道

秩父鉄道時代のED38 2の銘板。昭和5年製で、電気部分が東洋電機、機械部分が日本車輌の製造である。　　　1975.8.24　P：吉川文夫

阪和電気鉄道時代、貨車を牽いて走るロコ1003。ヨーロッパ風のなかなかスマートな機関車であるが、電車に200馬力という大出力のモーターを付けた電車会社のわりには50トン電気機関車の出力が220馬力×4とは控え目…とみるのは当を得てないと言われるだろうか。　　1937.7.21　P：米本義之

ロコ1000形の車輪直径は1220mm。車体はかなり上に揚がっている。そのためかどうか、屋根のカーブを切り欠いて乗務員扉があるというところが大きなアクセントにもなっている。ロコ1001〜1002の台車は86頁の写真にあるように製造当初は釣合梁式であったが、昭和10年に写真のような形に改造された。　　1935.3.19　鳳　P：米本義之

スマートな電機、優等客車列車を牽かせて見たかったが、阪和時代、国鉄直通客車列車〈黒潮〉は電車が牽引していた。夢は夢として写真は戦後間もないころ、トムだのワムだのを牽いているロコ1002の姿。　　　　　　　　　　　　　　　　　　　　　　1952.1.1　鳳　P：三宅恒雄

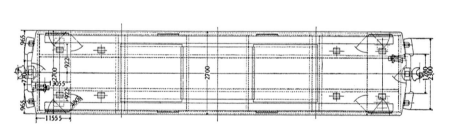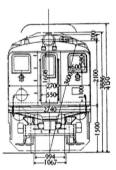

──── 客貨車用電氣機關車 ────

（阪和電氣鐵道株式會社納）

設 備 其 他

一　　　般		電 氣 關 係	
軌間 … … … … … 1066.8		電氣方式 … … … … 直流 1500ボルト	
連結器 … … … … 自働聯結器		電働機 … … … … $\begin{cases}馬力　220\\個數　　4\end{cases}$	
制動機 … … … … $\begin{cases}空氣制動機\\電力及回生制動機\\手用制動機\end{cases}$			
運轉重量 … … … 56.5 瓲		齒車比 … … … … 25：99	
大サ … … $\begin{pmatrix}長　サ\\バフアー\\ビーム間\end{pmatrix}$ $\begin{pmatrix}高　サ\\軌條面上ヨリ\\トロリーベース臺迄\end{pmatrix}$ $\begin{pmatrix}幅\\最　大\end{pmatrix}$ 12500 × 3668 × 2740		速度 … … … … 41.0295 粁/時	
働輪直徑 … … … 1220		制御方式 … … … … 復式	
ホイルベース … … $\begin{cases}トータル ホイールベース 9200\\リジッド ホイールベース 2700\end{cases}$		聚電裝置 … … … スライデイングパンタグラフ式	

86

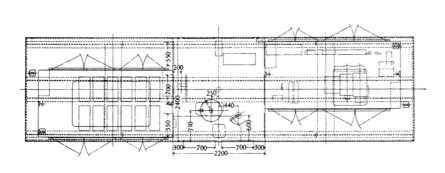

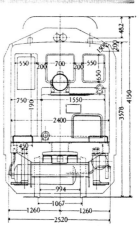

───── 構 内 用 電 氣 機 關 車 ─────

（阪和電氣鐵道株式會社納）

設 備 其 他

一　　　般		電 氣 關 係	
軌間 … … … … … 1066.8		電氣方式 … … … … 直流 1500ボルト	
連結器 … … … 自働聯結器		電働機 … … … {馬力　55 個數　4	
制動機 … … … {空氣制動機 電力制動機 手用制動機			
		速度 … … … … 11.9 粁/時	
運轉重量 … … … 30 瓲			
大サ … … 長サ（バフアービーム間）× 高サ（軌條面上ヨリトロリーベース臺迄）× 幅（最大） 9300 × 3668 × 2400		齒車比 … … … … 18：84	
働輪直徑 … … … 910		制御方式 … … … 單式	
ホイルベース … … {トータル ホイールベース 7200 リジッド ホイールベース 2100		聚電裝置 … … … スライデイングパンタグラフ式	

大阪駅の6・7番線の間にある中線に姿を見せたロコ1001。
　　　　　　　　　　　　　　　1949.2.9　大阪　P：浦原利穂

買収後の昭和19年に竣功したロコ1004は在来車と差がある。パンタグラ
フも当初は1台だった。　　　　1946.3.27　鳳電車区　P：浦原利穂

阪和電気鉄道のロコ1001～1003は86頁のカタログにもあるように当時
としては珍しい回生制動を付けていた。　1947年　鳳　P：亀井一男

ED38 2の運転室。主幹制御器は国鉄電機並にノッチ刻み式のもので位置
も右側にあった。　　　　　　　　　1975.8.24　P：吉川文夫

阪和線和泉砂川駅にたたずむED38 1。ロコ1001～1004はED38 1～4に改番され、立派なナンバープレートも作ってもらった。このED38 1は昭和23年
に川崎車輌で装備改造を受けている。電気制動はこの時に外されたと推定される。
　　　　　　　　　　　　　　　　　　　　　　　　　　　1954.3.20　和泉砂川　P：石川一造

ED38形は2輌が秩父鉄道へ、1輌が大井川鉄道へ譲渡された。大井川鉄道に来たのはED38 2で、E105と改番されて使用させていたが、貨物量の減少により仲間のいる秩父鉄道に再譲渡され、ED38 2の名前に戻っている。　　　　　　　　　　　　　　　　1966.9.23　千頭　P：石川一造

左右の台車の形状が異なるED38 2。製造時は釣合梁と板バネで両軸箱を連結した構造の台車だった。　1955.3.28　鳳　P：吉川文夫

ED38 4は他車に比べて帯が少なくなり、のっぺりとした感じがするし、正面の窓の大きさも異なる。　1954.3.28　鳳電車区　P：石川一造

ED38 2は昭和10年に台車の改造を受けたが、こちら側ではさらに中央の揺れ枕部分に鋼板を当てがっている。1955.3.28　鳳　P：吉川文夫

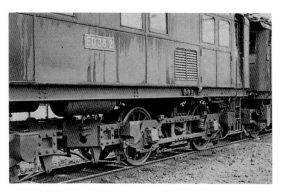

ED38 2の台車。こちら側は昭和10年の改造時のままである。　　　　　　　　　　　　　　　　1955.3.28　鳳　P：吉川文夫

秩父鉄道で貨物列車を牽くED38 3。秩父鉄道へは
大井川鉄道経由で入ったED38 2を含め3輌の
ED38形が入り、国鉄時代の番号のまま活躍してい
た。　　　1975.8.21　波久礼　P：諸河　久

秩父鉄道におけるED38形は主力であるデキ100形よりやや牽引力が小さいため、デキ1形などと共通のグループとして使用されていた。秩父での活躍期は約20年であった。

1971.7.21　熊谷　P：諸河　久

前面の台車形状、台車のほぼ中央部にあるブレーキシリンダーなど、ED38 3はED38 1・2との差異が見られる。昭和6年と一年遅れての製造のため、台車のホイールベースも2700mmから2900mmと変わっている。

1976.7.31　長瀞　P：諸河　久

ロコ1101は1輌1形式で、メーカーはロコ1000形と同じ日本車輌・東洋電機のコンビで昭和5年製である。入換機として製作されたためか、1500Vの電機ながら発電制動付きの直接制御である。写真は阪和電気鉄道時代の撮影。　　　　　　　　　　　　　　　　　　　　　　　　　　　　　P：荒井文治

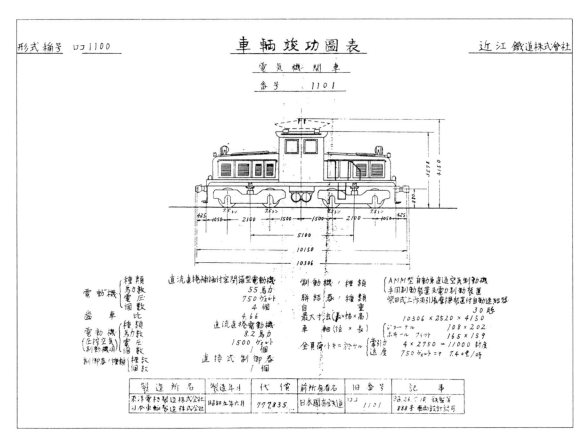

近江鉄道へ譲渡された1101の仕事はやはり入換用で、彦根駅構内、住友セメント彦根工場の入換に従事していた。この車輌、製造されてからもう70年にもなるが、1101の車輌番号は現在も変わっていない。

1957.6.16　彦根　P：有馬武司

1101。昭和5年製にしては好スタイルの凸電である。入換用として設計されたので歯車比は大きく84：18＝4.66となっている。　　　　P：中西進一郎

両備鉄道

　現在の福塩線の一部で、開業時は両備軽便鉄道といい、大正15（1926）年両備鉄道と改め、762mm軌間ながら電気機関車による電気運転を昭和2（1927）年から行なっていた。この区間は国鉄の福塩線、福山～塩町間の一部に該当するため、その後改軌の上、現在はローカル電車区間として105系が走っている。

　762mm軌間凸型の電機は営業用として国鉄唯一の電機で、軽便の「ケ」をつけケED10形と形式称号をもらった。貨車のようなアーチバー台車をつけた日立製のかわいい機関車であるが、このようなアーチバー台車つきの電機としては阪急京都線の4300形（新京阪2000形）があった。こちらの方は広軌1435mmで、両者とも、1067mm軌間でないという取り合わせが面白い。

　両備11～16⇒国鉄ケED101～6（廃車）

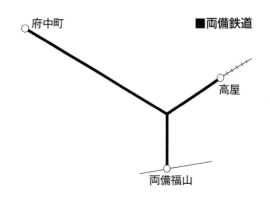

▶両備鉄道15。両備鉄道の762mm軌間の電気機関車は昭和2年日立製作所製で、6輛も製造されている。日立製作所の762mm軌間の電機としては小坂鉄道の31～32があり、スタイルも似ている。　　P：藤井浩三

11号の日立製作所の竣功写真である。両備鉄道は昭和2年に本線福山－府中町間を電化したが、電車はなく、この電機が蒸機時代からの客車や貨車を牽いていた。
　　　　　　　　　　　　　　　　　　　　　　　　P：日立製作所提供

両備鉄道は昭和8年に国鉄に買収された。そして昭和10年12月に1067mmに改軌された。この写真は撮影年月日からすると国鉄時代であるが、番号はケED13ではなく13のままであるし、両備の社紋も残っている。

1935.7.30　両備福山　P：米本義之

買収電機の諸元表から

アブト区間を除くと、日本の電気機関車は大正末期から蒸気機関車に変わって使用された、と言ってよいだろう。

下表の買収電機の中には伊那買収機ED31形、日立製作所初期の作品で当時としては大型に属するであろう箱型機の富士身延買収機ED21形、そして南武買収機といった初期の国産機のほか、イギリス、ドイツ、アメリカからの舶来機も見られる。国鉄を含めてであるが、電車用電気品はもう国産でという時代、電気機関車用となるとより大型で電磁空気単位スイッチ型制御器を使用するので、国産品より実績のある海外メーカー品を、という考え方があったのである。

そして、戦前の私鉄電機はB-B凸電が多かったのであるが、買収路線は貨物量も多く、買収電機には箱型機がかなりあるのも特筆すべきことである。その出力は富士身延や南武の700〜740kWが最大で、今から見れば大きくないが、当時としては強力機でもある。

これらの買収鉄道は蒸気鉄道からの電化鉄道もあるが、旅客は電車が新製されて、762mm軌間の両備鉄道を除いて旅客列車牽引は基本的にはなかった。牽引の相手は762mm軌間の両備鉄道を除けば貨物列車であるから、速度は比較的遅く、先輪付といった軸配置の車輌も見られない。仮定のことであるが、富士身延鉄道などは距離が長いし、客貨とも電機牽引であったら…そうしたら面白かったのではないだろうか、などと空想してみる。これと逆のようなのが鶴見臨港鉄道と、宇

■買収電気機関車要目表

買収会社名	国鉄形式	番　　号	輌数	製造初年 (改造年)	製　造　所 (　改　造　所　)	外形	軸配置	運転整備 (t
信濃鉄道	ED22	ED22　1〜3	3	大15	W.H　※5	凸	B-B	28.6
富士身延鉄道	ED20	ED20　1〜4	4	昭2	川崎造船	箱	B+B	56.6
	ED21	ED21　1〜3	3	昭3	日立	箱	B+B	56.0
富山地方鉄道 (富岩鉄道)	ロコ1	ロコ1	1	昭12	南海鉄道工場	凸	B-B	25
	ロコ2	ロコ2	1	大13(昭15)	W.H (日本鉄道自動車)	凸	B-B	30.0
宇部鉄道	デキ1	デキ1〜2	2	昭3	アルゲマイネ電気	凸	B	22.0
	デキ11	デキ11	1	昭12	日本鉄道自動車	凸	B-B	25.0
鳳来寺鉄道・豊川鉄道	デキ50	デキ50〜51	2	大14	英国電気	凸	B+B	25.4
豊川鉄道	デキ52	デキ52	1	昭2	日本車輌	箱	B+B	40.7
	デキ54	デキ54	1	昭19	日本車輌	凸	B-B	40.0
伊那電気鉄道	デキ1	デキ1〜6	6	大12	芝浦	凸	B-B	40.65
	デキ10	デキ10	1	昭2	三菱	凸	B-B	38.6
	デキ20	デキ20〜21	2	昭4	芝浦	凸	B-B	51.51
三信鉄道	デキ501	501	1	昭2	川崎造船	箱	B+B	56
南武鉄道	1000	1001〜1004	4	昭3	日立	箱	B-B	50.6
青梅鉄道	1010	1011	4	大正15	英国電気	箱	B+B	37.6
		1012						40.62
		1013・1014						40.2
奥多摩電気鉄道	1020	1021	1	昭19	芝浦	凸	B-B	42.0
宮城電気鉄道	ED27	ED271	1	大13	W.H	凸	B-B	26.79
	ED27	ED272	1	昭3	日本車輌	箱	B-B	28.2
	ED35	ED353	1	昭17	芝浦	凸	B-B	35.0
南海鉄道 (阪和電気鉄道)	ロコ1000	1001・1002	2	昭5	日本車輌	箱	B+B	50.0
		1003・1004	2					
	ロコ1100	1101	1	昭5	日本車輌	凸	B-B	30.0
両備鉄道	ケED10	ケED101〜106	6	昭2	日立	凸	B-B	12

この要目は特に注記のないものに関しては昭和23年4月1日現在の国鉄資料によった。国鉄の場合、主電動機出力を表すときの電圧は1500V用は
※1) 要目は土佐電気鉄道ED1001の竣功図表によった。
※2) 要目は三信鉄道デキ501の竣功図表によった。
※3) 要目は青梅電気鉄道1011、1012の竣功図表によった。

部電気鉄道を合併した宇部鉄道である。この2社は電車運転をしていた買収国電の一員なのであるが、貨物は蒸気機関車がその任に当たっていて、電気機関車は保有していなかった。戦前の東武鉄道もこれに近く、電機は総武鉄道引継機を入れてもわずか4輌、大半をテンダー蒸機で賄っていた。しかし、それにはそれなりの理由もある。高い費用を出して電機を新製しなくても、今ある蒸機で充分、引き込み線が多く、これらは非電化線である…といったようなことがあげられる。

さて昭和5年、スタイル的には素晴らしい電機が誕生した。国鉄東海道本線にEF級電機が盛んに走り出して、技術的な面から私鉄電機が注目されることはほとんど無くなってしまっていたこの時代、その素晴らしいスタイルの主とは阪和のロコ1000形であった。その

後10年余は景気動向もあって新製車はあまり見られなかった。戦時になると東芝戦時型電機など、貨物輸送が増加することによる新車が出現するが、中には発注した車輌が完成した時には路線自体が買収されて国鉄になっていた、という例も見られる。

車輌は欲しい、けれどもメーカーが応じてくれない、という時代もあった。戦時中の東芝戦時型電機、大正から昭和初期にかけてのウエスチングハウス製など、同じようなスタイルの電機が各社に存在するのも、発注単位数が少ないこと、電車ほど使用条件に差がないことなどから基本的な設計がメーカーお任せとなった結果、レディーメイドに近い発注形態が生んだ現象とも言えるし、戦時型機については使用者側の希望など聞いている時代ではなかったのである。

主要寸法　（mm）			電気方式	主　電　動　機		制御方式	ブレーキ装置	
車体幅	軸距	車輪直径	（V）	1時間定格出力	形式			
2445	1910	860	直流1500	264kW（1350V）	MT33	電磁空気単位スイッチ	空気・手用	
2727	2700	1250	直流1500	740kW（1350V）	MT36	電磁空気単位スイッチ	空気・手用・電気	
2740	2650	1250	直流1500	740kW（1350V）	MT37	電磁空気単位スイッチ	空気・手用・電気	
2620	1370	864	直流600	80馬力×4（600V）		直接制御	空気・手用	※1
2400	2000	860	直流600	200kW（540V）	TDK31-C	電磁空気単位スイッチ	空気・手用	
2460	1900	1000	直流600	160kW（540V）		直接制御	空気・電気・手用	
2400	1905	864	直流600			電磁空気単位スイッチ	空気・手用	
2438	1981	860	直流1500	240kW（1300V）	DK-36	電動カム軸接触器	空気・手用	
2540	2440	965	直流1500	400kW（1300V）	MT15	電動カム軸接触器	空気・手用	
2615	2440	970	直流1500	500kW（1350V）	TDK-592	電動カム軸接触器	空気・電気・手用	
2540	2438	910	直流1200	280kW（1200V）	MT4	電磁式	空気・手用	
2700	2240	910	直流1200	320kW（1200V）		電磁空気単位スイッチ	空気・手用	
2630	2600	1100	直流1200	600kW（1200V）	SE-123	電磁空気単位スイッチ	空気・電気・手用	
2743	2700		直流1500	250馬力×4（1350V）		複式	空気・電気・手用	※2
2743	2650	1250	直流1500	700kW（1350V）		電磁空気単位スイッチ		
2664	2439	965	直流1500	127kW×4（1500V）		電動カム軸接触器	空気・手用	※3
				460kW（1350V）	DK71			
2800	2400	1000	直流1500	440kW（1350V）		電磁空気単位スイッチ	空気・手用	
2489	1905	860	直流1500	194kW（1350V）	550JF6	電磁空気単位スイッチ	空気・手用	
2646	1905	860	直流1500	194kW（1350V）	550JF6	電磁空気単位スイッチ	空気・手用	
2650	2220	910	直流1500	340kW（1350V）	SE125B	電磁空気単位スイッチ	空気・手用	
2740	2700 2900	1220	直流1500	592kW（1350V）	TDK556-A	電磁空気単位スイッチ	空気・電気・手用	
2520	2100	910	直流1500	145kW（1350V）	TDK550-D	直接制御	空気・電気・手用	
1870	1680	790	直流600	46馬力×4（500V）		電磁空気単位スイッチ	空気・手用	※4

1350V、1300V、600V用は600V、540Vなどで示しているので、出力の下に定格電圧を（　）で示した。
※4）要目は電気協会報No.55、56、58の本邦電気機関車の要項によった。
※5）メーカーについては機械メーカーと併記すべき車輌も当然あるが（例えば信濃鉄道ED22形で言えばウエスチングハウス・ボールドウイン、南海鉄道（阪和電気鉄道）ロコ1000形で言えば日本車輌・東洋電機製造）、この表では原資料そのままとしている。

おわりに

　以上、戦時中の産物である私鉄買収電機についての概略である。道路交通が今日ほど発達しておらず、ガソリンの自給難という大きな理由があって買収線区の貨物輸送は戦時輸送として重要な役割を果たしたと言えよう。そしてその後私鉄へ譲渡された電機は使用条件も楽なこともあって長寿な車輌も散見されるのは喜ばしいことである。

　買収という用語は今でも時折お目に掛かるが、こと鉄道に関しては、国鉄が民営化されるという逆の現象の時代であることを目の当たりにすると、もう歴史的事項かと言う気がしないでもない。

　そうだ、歴史ともなれば、映像記録はしっかりとまとめておきたい。そんな気が名取編集長にも起きたのであろう。相談を受けた私も「では！」という気になって、諸先輩が撮られた買収電気機関車の写真をできるだけ紹介してみようということになった。

　その結果、戦前のスナップから、撮影のため夜行の座席車に乗って出かけた地方線区での昭和20～30年代の写真をはじめ、多くの方々に写真を提供いただき、この写真集をまとめることができた。感謝したい。

　芭蕉の俳句に「五月雨をあつめて早し最上川」という有名な句がある。諸先輩達の写真を「五月雨」とは失礼かも知れないが、集大成して立派な写真集が出来上がったと、最上川の大きな流れになぞらえて、いま感にふけっている。

　貨物列車、電気機関車、男の子でも硬派の、色彩的に賑やかさのない世界でもある。しかし、それがまた電気機関車の良さなのである。モノクロの写真が輝く世界でもある。モーターの音、送風機の音、甲高い気笛、写真の中に音や風も感じながら見ていただければ幸いである。

　本稿を草するにあたり、『日本国有鉄道百年史』、杉田　肇『電気機関車ガイドブック』（昭和44.11 誠文堂新光社刊）などの文献を参考にさせていただいたことを感謝しつつ付記しておく。また、41頁、75頁、86頁、87頁は日本車輌製造カタログ、19頁は川崎車輌製品概要より転載させていただいた。

吉川文夫（鉄道友の会副会長）

岳南鉄道へ移った宇部電気鉄道のチビ電デキ1・2は、昭和44年9月に1500V昇圧されると使用中止となった。1969.12.30　須津　P：吉川文夫